U0034493

工廠叢書⑪

# 全面消除生產浪費

王中康　編著

憲業企管顧問有限公司　發行

## 《全面消除生產浪費》

# 序　言

**本書是針對工廠如何減少浪費、降低成本而撰寫。**

**減少浪費就是增加利潤，本書提供了大量的案例、工具，可以幫助企業管理者理解書中內容，輕鬆掌握生產成本控制的方法和技巧。**

浪費無處不在，包括人的浪費、生產的浪費和管理的浪費、物品的浪費，這是工廠必須嚴格把控的，成本貫穿企業生產運營的始終，對企業影響是巨大的，企業要提升自己的利潤，一方面要設法增加收入，另一方面要設法減少浪費、控制成本。

生產企業之間的競爭正在加劇，利潤空間在縮小，就使得很多生產企業不得不把成本控制提到日程上，而且把減少浪費、成本控制融入每位員工每天的工作與生活之中。

成本意識是生產企業成本控制的基礎。萬丈高樓平地起，如果根基不牢，建築越高，越易倒塌。在尋找各式各樣的手段控制成本時，如果生產企業不知道自己爲什麼要減少浪費、控制成本，即使找到了方法也會使成本控制一塌糊塗，甚至適得其反。因此，企業管理者只有明確了減少浪費、成本控制的重要意義，知道控制成本的原因，才能更好開展減少浪費、成本控制活動，才能通過成本控制使企業的利潤倍增。

本書詳細敍述工廠採購成本費用、生產物料成本、燃料動力成本、直接人工成本、主要製造費用、研發技術費用、設備管理費用、品質成本費用、安全生產費用、現場各種浪費、外協外包成本費用、物流成本費用、日常管理費用、人事管理成本等成本費用與工廠浪費的控制，涵蓋了工廠成本費用控制的各個方面。**本書立足於工廠各個部門的管理實踐，針對具體部門、具體崗位、具體事件的成本管理問題，為工廠提供各部門規範化運作的系統工具，將執行落實到具體的崗位和人員，是可操作性的方案，從而形成指導具體工作的精細化手冊。這是一本提高工作效率、減少浪費、降低成本的實務性工具書。**

設備管理是生產企業成本控制的一個重點。因爲設備往往價值高、操作複雜，所以，在採購時要慎重，要考慮設備的性價比以及設備的升級空間等，以免造成不必要的投資。生產必須加強設備的保養和維護，對於出現故障的設備要及時維修，對於「退休」的設備要及時採用報廢、折舊、轉讓等方式處理掉。

在生產之前，生產企業要確保產品的設計符合預定的要求，生產技術能夠滿足生產的需要，採購的物料能夠滿足生產之需而不造成庫存浪費。物料採購成本在生產企業的成本中往往佔絕大部份；甚至高達 90%，所以，嚴格供應商管理、優化採購流程，可以使成本大大降低。

生產成本控制不力在很大程度上是因爲人工成本沒有控制好。人員配置合理，可以做到人盡其才，保證生產流程更順暢；加強對員工的培訓，可以保證每個人都能熟練操作、正確操作、標準化操作，從而確保生產效率大大提高。

5S 管理、目視管理、PDCA 循環是現場管理的重要工具，是生產成本控制的有力武器。其中，5S 管理可以改善生產環境，目視管理可以起到重要的提示、警示、激勵、表揚與批評的作用，PDCA 循環可以推動生產流程的持續改進。

生產計畫是生產企業順利進行生產的指南針。對於生產中碰到的問題，要善於尋找問題的根源，並加以改善。

庫存，讓人歡喜讓人憂。它是生產企業必不可少而無法避免的問題。一旦庫存過多，則會造成大量的損耗，甚至產生大量的呆貨、呆料、廢料。對於流程化運作的生產企業，如果能夠將成本控制有效地貫穿於採購、生產、物流等過程中，就可以實現庫存管理的最大目標——零庫存。

2011 年 10 月

《全面消除生產浪費》

# 目 錄

## 第一章 減少浪費的做法 / 8

第一節 減少沒有附加價值的作業 ······ 8

第二節 生產企業常見的 3 種浪費 ······ 16

第三節 如何讓浪費無所遁形 ······ 23

第四節 降低生產浪費的先決條件 ······ 28

## 第二章 如何降低研發成本費用 / 37

第一節 產品生產與技術的成本控制 ······ 37

第二節 產品研發、試製費用的控制 ······ 51

## 第三章 控制內部、外部的損失 / 61

第一節 內部損失的浪費，須加以控制 ······ 61

第二節 外部損失的成本控制 ······ 70

## 第四章 減少人工成本的浪費 / 77

第一節 人工成本控制的核心 ······ 77

第二節 消除人力資源浪費 ······ 88

第五章　生產現場如何減少浪費 ／ 109

第一節　現場管理是減少浪費的利器……109
第二節　作業管理的成本控制重點……126
第三節　現場物流環境的改善……150
第四節　物流過程的浪費控制……153

第六章　物流環節怎樣減少浪費 ／ 158

第一節　物料運輸費用控制方案……158
第二節　商品配送費用控制辦法……160

第七章　如何減少物料浪費 ／ 165

第一節　如何減少生產現場物料浪費……165
第二節　根據生產任務，決定物料需求……170
第三節　實施物料分類管理……174
第四節　設定安全訂購點，以防缺料待工……177
第五節　配合生產進度，精確投放物料……179
第六節　即時監控並回應線上物料使用……182

第八章　倉儲管理如何降低浪費 ／ 185

第一節　有效的庫存管理，迅速降低成本……185
第二節　物料出入庫管理要加以規範化……203
第三節　採取先進先出，控制物料品質……207
第四節　及時退料、補料，避免阻礙生產……210
第五節　合理的存放物料……213

第六節　合理配置車輛，提高搬運效率 215
第七節　要使用搬運工具 218

第九章　善用設備來減少浪費 / 221
第一節　設備管理是控制成本的基礎 221
第二節　使設備長壽的 3 種方法 225

第十章　外包工作如何減少浪費 / 232
第一節　外包廠商的原材料使用管控 232
第二節　包工包料的生產費用控制 235
第三節　包工包料生產品質控制辦法 239

第十一章　如何降低廠務管理費用 / 245
第一節　廠務部門的辦公費管理規定 245
第二節　工廠水費控制規定 249
第三節　工廠電費控制規定 252
第四節　工廠工具費用控制細則 256
第五節　廠務部門的招待費管理規定 260
第六節　廠務部門的通信費管控辦法 264
第七節　工廠會議費控制辦法 267
第八節　工廠差旅費管理細則 271
第九節　廠房維修費管理細則 276
第十節　員工制服費控制規定 281
第十一節　生產工廠的食宿費管理辦法 284

第十二節　工廠成本費用的預算編制辦法……289
第十三節　工廠成本費用的預算執行辦法……292
第十四節　工廠成本費用的預算調整辦法……295
第十五節　成本費用的預算考核辦法……297

# 第 1 章

# 減少浪費的做法

## 第一節　減少沒有附加價值的作業

有一天，大野耐一專心地視察了在現場工作的作業員之後，對他們說：「我可以請求你們，每天至少做一小時有價值的工作嗎？」作業員自認爲，已經很賣力地做了一整天的工作，因此對這句話感到很憤怒。然而，大野的真正意思是指「你們每天有至少做了一小時有附加價值的工作嗎？」他知道作業員大部份的時間，只是在現場走動，沒有增加任何價值。任何沒有附加價值的作業，在日本稱爲 Muda。大野是第一位察覺在現場裏，存在著龐大 Muda 的人。

日文的 Muda，是浪費的意思。但是，Muda 還帶有更深一層的內涵。工作是由一系列的流程或步驟所構成的，從原材料開始，到最終產品或服務爲止，在每一個流程，將價值加入產品內(在服務業裏，是把價值加入文件或其他的信息內)，然後再送到下一個流程。在每一個流程裏的人力或機器資源，若不是從事有附加價值的動作，就是進行無附加價值的動作，大野將現場所發現的 Muda，分爲製造過多的 Muda；存貨的 Muda；不良重修的 Muda；動作的 Muda；加工的 Muda；等待的 Muda；搬運的 Muda。

**表 1-1-1　Muda 分類表**

| Muda 類別 | Muda 的性質 | 如何消除 Muda |
|---|---|---|
| 半成品 | 沒有立即需求的庫存品 | 流水線化庫存 |
| 不合格品 | 生產不合格的產品 | 降低不合格品 |
| 設施 | 閒置機器，故障，換模時間過長 | 提高設備利用率 |
| 費用 | 對需要的產能做過度的投資 | 削減費用 |
| 間接員工 | 由於不合格的間接員工的體制，形成人員過多 | 有效地安排工作 |
| 設計 | 生產超過需求功能的產品 | 降低成本 |
| 才能 | 僱用員工從事可以被機械化的工作或派任至低級技術的工作 | 建立勞力節約及最佳化的衡量 |
| 動作 | 不依照標準作業工作 | 改進工作標準 |
| 新產品上市 | 新產品生產的穩定化開始過慢 | 更快地轉變爲全能生產 |

1. **動作的 Muda**

任何人體的動作，若是沒有直接產生附加價值，就是沒有生產力。例如，人在走路時，他並沒有增加價值。特別是，如提起或持著一個重物，需用到作業員身體一部份的特別體力的動作，應予以避免。這不只是因爲工作困難，也是因爲這代表著 Muda。可以借由工作地點的重新安排，來剔除作業員手持重物走路的動作，僅花了數秒而已。其餘的動作代表著沒有附加價值，例如拿起或放下工作物。經常可看到同一件工作物，先由右手拿起然後

再由左手持著。舉例來說，操作縫紉機的作業員，先從供料箱中

拿出幾塊衣料，然後放在機器上，最後才取一件衣料放進縫紉機縫製，這就是動作的 Muda。供料箱應重新擺置，使作業員能拿起一塊衣料，直接放進縫紉機縫製。要認定動作的 Muda，需詳細觀察作業員手腳使用的方式。然後，必須重新安排物料放置的方式以及開發適當的工具及夾具。

**2. 製造過多的 Muda**

製造過多的 Muda，是生產線督導人員的心理作用造成的，他擔心機器會出故障、不合格品會產生，以及員工會缺席，而被迫生產比需要數更多的產品，以策安全。此種形式的 Muda，是由於提早生產造成的，尤其是對昂貴的機器，為了有效地運用而生產超過需要的數量。

生產過多產生巨大的浪費：提早耗用原材料、浪費人力及設施、增加了機器負荷、增加利息負擔及額外的空間以儲存多餘的存貨，及增加搬運和管理成本。在所有的 Muda 中，製造過多是最嚴重的 Muda，它帶給人們一個安心的錯覺，掩蓋了各種問題，以及隱藏了現場中可供改善的線索。要把製造過多當做犯罪看待。

**3. 存貨的 Muda**

成品、半成品、零件及物料的存貨，是不會產生任何附加價值的，反而增加了營運的成本，因為它們佔用了空間，需要額外的機器及設施，例如：倉庫、堆高機以及自動搬運系統。此處，倉庫又需要額外的人員來操作及管理。

多餘的庫存品又積滿灰塵，是沒有附加價值的，其品質隨著時間而腐化。更糟的是，會因遭逢火災或其他災難而化為灰燼。如果沒有存貨的 Muda，就可以避免許多浪費。存貨是由生產過多

所造成的。如果說製造過多是罪惡的話，那麼存貨就要視爲被擊斃的個人。不幸的是，我們都知道管理人員若沒有「足夠的庫存」，夜晚就難以入眠。存貨有時被比作爲隱藏問題的水庫。當庫存的水位高漲時，管理者就感受不到問題的嚴重性，像品質的問題、機器故障及員工缺勤，也因此而失去了改善的機會。

存貨水位降低時，有助於發掘需要關注的地方，以及迫使要去面對處理的問題。此即是準時生產制所追求的目標：當存貨的水位持續下降至「單件流」的生產線時，「改善」就成了每日必行的活動。

### 4. 不合格品重修的 Muda

不合格品干擾了生產活動，也耗費昂貴的重修費用。不合格品通常被丟掉，是資源及設備的最大浪費。在今日大量生產的環境中，一部出差錯的高速度性能自動機器，在問題被發現之前，就已吐出了巨量的不合格品了。不合格品有時也可能傷害了昂貴的機器設備。因此必須指派人員站在一旁監視這種高速度的機器，一看到不正常的情況時，立即停止機器。爲了擁有一部高速度的機器，就必須指定專人爲其服務。像這樣的設計，至少應裝設有不合格品一旦產生時，就能立即停止下來的機構。

供應商經常抱怨與顧客交易時，有太多的文書及設計變更的工作。就廣義而言，此兩種問題也是 Muda。減少官僚作風、作業流線化、剔除不必要的流程及加速決策制訂時間，是可以剔除文書作業的 Muda。過多的設計變更，產生重修的 Muda。如果人們第一次就把工作做對——假如他們對顧客、供應商及自己的現場有更深入的瞭解，就可以消除設計變更的 Muda。改善可以有效地實用於工程項目上，就如同在現場的工作改善一樣。

### 5. 加工的 Muda

有時，不適當的科技或設計也會衍生加工工作本身的 Muda。機器加工作行程過長或過分加工、衝床沒有生產力的衝擊時，以及去毛邊的動作，都是加工 Muda 的例子，這都可以避免的。在每一道加工步驟時，我們將價值加入被加工的工作物或信息，然後送至下一個流程。在此，加工是指在調製一個工作物或一條信息。

用一般常識及低成本的技巧，可以經常消除加工的 Muda。通過作業的合併，可以避免一些浪費的加工。例如，在一家生產電話機的工廠，受話器及機體分別在不同的生產線上裝配，然後再放至另處一條裝配線上做總裝配。為避免受話器在搬運至最終裝配線時，表面受到刮傷，每一個受話器都用塑膠袋包裝著。然而，將受話器裝配線連接到最終裝配線時，就可剔除包裝塑膠袋的工序。

在許多實例中，加工 Muda 也是由於流程無法同步所造成的。作業員經常把工作分得過細，超越了需要的程度，這也是加工 Muda 的另一個例子。

### 6. 等待的 Muda

作業員的雙手停滯不動時，就是等待的 Muda 發生的時候。生產線不平衡、缺料、機器故障，使得作業員停滯，或者機器在進行附加價值的加工時，而作業員在旁監視，這些都是等待的 Muda。這類的 Muda 很容易看得出來。較難以發現的，是當機器在加工或裝配工作時等待的 Muda。縱使作業員很拼命地工作，仍然存在著數秒、數分鐘的 Muda，以等待下一個工作物的到達。在此段時間內，作業員僅能無所事事地望著機器。

### 7. 搬運的 Muda

在現場，可看到各種不同的搬運，如卡車、堆高機及輸送帶。搬運是工廠營運的一個主要部份，但是移動這些材料或產品，並不能產生附加價值。更糟的是，在搬運過程中，經常會發生物品的損傷，兩個分離的流程之間就需要搬運。為消除這樣的搬運 Muda，任何與主生產線分離的所謂離島作業，應盡其可能併入主生產線內。

與庫存過多及沒有必要的等待一樣，搬運的 Muda 是很容易看得出來的浪費。大部份歐美製造的現場，最常見到的奢侈浪費現象，就是過分地依賴輸送帶。

像這樣生產線佈置方式，有時令我懷疑，這位設計的工程師，是否為模型火車迷。在現場看到輸送帶的時候，我們的第一個問題應當是：我們能否將它消除掉？公司最好的做法，就是將此輸送帶賣給競爭對手。更好的方式，應當將其包裝好，當做禮物免費送給我們的競爭對手。

改善顧問師格雷・貝克(GregBack)，回憶他在輔導一家知名的德國汽車製造公司的經驗。貝克及同事正在衝床工廠裏，從事一部多沖模衝床的換模及設置時間的工作。在此專案開始的時候，貝克設定了要在本週結束前，完成縮短一半的換模時間為目標(改善前，當時的換模時間為 10 小時)，而且不借助任何技術上的改變。督導及作業人員表現出不相信及生氣的樣子(「難道我們多年來是在睡覺嗎？」)。

然而，在本週結束前，換模時間已降為 5.5 個小時，大部份是通過改變工作的方式而造成的，例如：配合實施 5S，將內部作業轉移到外部作業等；再進一步做一些小的技術上的改變，即將換模程序標準化，以及演練了兩個月之後，該公司自己更進一步將換模時間降爲 3.5 個小時。

後來，衝床生產線的領班對貝克承認說：剛開始，當你們告訴我，所看到的這些可能性時，我非常的生氣。畢竟，我是這方面的專家，而同事們也都是優秀的人才。但我還是對著自己說：好吧！就讓這些改善顧問去傷他們的腦筋吧！現在我已看到了成果，以及他們是如何做的。我也開始去思考，爲何我以前都看不出這些 Muda。我從來沒有仔細看看他們在做些什麼事，他們是如何做的，以及爲何必須這樣做！他們很忙、抱怨工作量、工作不好做、經常要花費很長的時間。我實在是從未好好地視察現場的作業流程。

任何不能產生附加價值的事，就是 Muda，所以 Muda 的種類可以無限地補充。在佳能公司裏，將 Muda 依類別區分爲如表 6-1 所示。法國改善協會的董事斯奇・裏貝裏，有次告訴我說，應當還要再加一項「工程的 Muda」。因爲在工程的設計上，可以看到許多 Muda。例如，工程師縱使已有現成簡單的解決方法，仍然傾向於設計一個複雜的結構來解決問題。工程師偏好尋找能應用最新科技的機會於其設計上，而不是去尋求最簡單的方式，以符合目的的需求。這樣的心態違反了現場的需求，更不用說能滿足顧客的需求。裏貝裏說，今日的工程師，總是在尋求更複雜及更精巧的東西，他們應當改變，以尋找削減浪費才對。

**8. 時間的 Muda**

日常中，可以看到的另一種 Muda，就是浪費時間，顯然這一項 Muda，沒有列入大野的 7 種 Muda 之內。時間的利用不當會造成停滯。材料、產品、信息及文件放置在一個地方是不會有附加價值的。在生產線上，暫時停滯的 Muda，是以庫存的形式表現出來。在辦公室的工作，是發生在文件或信息放在桌上或是在電腦內，等待決策或簽名，不知在何處，只要有停滯，Muda 即隨之而來，同樣的情況，7 種 Muda 也會導致時間的浪費。

此種 Muda 在服務業中，更是隨處可見。通過消除沒有附加價值的時間 Muda，服務業應當可以出現可觀的效率提高，以及顧客滿意的效果。因爲，消除 Muda 無須花費任何成本，它是改善公司營運最容易的一種方式。我們所需做的事，就是去到現場，觀察正在進行什麼事，認出 Muda，然後採取行動消除它。

**9. Muda、無穩、無理**

Muda、無穩、無理，有時經常一起使用，在日本並稱之爲「三無」。就如 Muda 是作爲改善開始時，隨手可得的檢查表一樣，而無穩及無理則是作爲現場改善開始時，隨時提醒管理人員的備忘錄。無穩意爲不規律化，而無理意爲勞累。任何費力及不規律的事，就表示有了問題。更進一步而言，無穩及無理也包含必須消除 Muda。

不論何時，作業員工作的順利性被中斷了，或是零件、機器或生產流程的流暢性被中斷了，就表示出現了無穩。例如，假設在生產線上工作的作業員，每一個人都是重覆做著他們的工作，並傳送到下一個人，當其中某人工作的耗費時間較他人長時，就會產生無穩和 Muda，因爲每一個人都必須調整其速度，以配合最慢速度人員的工作。尋找這類不規律化，成爲從事現場改善時，開始時的一個容易方法。

無理意指作業員、機器以及工作的流程，處在一種費力氣的狀態下，例如，一個新僱的作業人員，在沒有給予充分的訓練之前，即予以接替前任老手的工作，此即對其造成緊張壓力的情況，他可能拖慢了工作速度，甚至造成許多的錯誤而產生了 Muda。

當我們看到作業員滿身大汗地工作，必須承認這需要極大的體力負荷，而且要設法去除或改善。當我們聽到機器中傳來一聲尖銳的聲音，必須承認發生了緊張的現象，亦即發生了異常。所以，Muda、無穩及無理合起來，可作爲隨時核查或確認現場異常的檢查表。

在所有的改善活動中，消除浪費是最容易開始的。因爲一旦懂得這些技巧之後，即能容易發覺出 Muda。

消除 Muda 通常亦表示，要停止現行的事情，然後用些許投入來實施改善。爲此，管理部門應當帶動從事改善，消除存在於現場、行政管理上以及服務提供場所中的任何 Muda。

## 第二節　生產企業常見的 3 種浪費

浪費無處不在，也無孔不入。生產主管必須善於識別浪費並發現浪費的苗頭，將之向好的方向轉化或消滅掉。

### （一）人的浪費

人是企業生產的主力軍，由人造成的浪費也是企業生產中最大的浪費。這主要表現在以下幾個方面。

#### 1.操作不規範

某生產企業新進購一批生產設備，該設備對於關閉電源有嚴格的規定，就是先關閉操控盤上的開關，5 秒鐘以後再關閉機器上的電源，然後將外部電源關閉或拔掉。可是，總有一些人直接關閉機器電源或外部電源。

任何一項生產作業都需要嚴格的操作規程。為什麼會有人進行這種不規範的操作呢？除了個人的職業道德素養之外，這與機器安全操作與保養的培訓力度不夠有關，同時監管的力度也不夠。由於人為的不規範操作，對生產的影響是極大的，有時會導致生產中斷，延遲生產計劃。

**2. 協調力度不夠**

良好的協調會出現「1+1＞2」的協同效應。如果在管理工作中協調不力，就會造成生產停滯等方面的浪費。信息通暢是企業良性生產的需要，而信息一旦斷層，就會使生產進度受到極大的影響。如果生產企業各部門之間協調不好，就會降低生產效率，延遲交貨期，更有可能產生大量的呆貨，造成成本上的浪費。

另外，如果協調不力，會使整個企業凝聚力下降，整體缺乏團隊意識、協調精神。

**3. 人員安排不當**

以人為本的時代更強調「人盡其才」。因此，生產企業只有將合適的人才放在合適的崗位上才能創造更好的業績。當整體人員合理到位，企業的生產進度會得到保障，生產效率會大幅度提升。如果人員安排不當，會造成有人「跑步」、有人「走路」、有人「散步」的局面，造成人力上的浪費。更有甚者，如果負責人員任命不合適，甚至可能給企業帶來致命的傷害。

**4. 員工應付生產**

有些員工不負責任或責任心不強，對工作不主動、不認真，敷衍了事，不追求最好的結果。有些員工爲了應付檢查，只做一些表面文章；更可怕的是，有些人檢查礙於情面，也不予點破。

如果一名員工的態度有問題，不想學，不想幹，對企業來說這是一種人力上的浪費。因爲這種浪費會成爲一個壞的影響力中心，大大影響了其他員工的積極性。

**5. 動作浪費**

不產生附加值的人體動作就是動作浪費。要達到同樣作業的目的，會有不同的動作，那些動作是不必要的呢？

要認定動作的浪費，需要仔細觀察員工的操作過程，確定那些是可以消除的多餘的動作，然後通過重新安排物料放置的方式和開發適當的工夾具來消除動作的浪費。

例如，工作中的走動，尤其是提著重物的走動，加工過程中多餘的取放物品、翻轉物品、轉身、彎腰的動作，都是動作浪費。

動作浪費一般不爲人所注意，它的重覆性很高，對生產效率的影響也是很大的。因此，應本著動作經濟原則來消除動作浪費。

**6. 等待浪費**

等待浪費是指員工無事可做。造成這種浪費的原因很多，如生產計劃不當、生產線不平衡、產品切換、缺料、機器故障等。

在管理中的等待浪費包括等待上級的指示、等待外部的回複、等待下級的彙報、等待生產現場的聯繫等。

**7. 人員閒置浪費**

一些生產企業認爲人多好辦事，不斷地增加人員，於是一個人的工作兩個人幹，結果每個人都拖泥帶水、人浮於事，這爲企業造成大量的閒置浪費。同時，企業開始爲此製造額外的工作，形成連鎖浪費。

**表 1-2-1　浪費類型及其原因**

| 類型 | 原因 |
|---|---|
| 產量過剩的浪費 | 生產計劃變更 |
| | 監測實際生產量時出現錯誤訂單理解出現錯誤 |
| | 盤點工作出現漏洞 |
| 生產流程的浪費 | 生產流程設計不合理 |
| | 人員、機器、物料及能源等有斷續等待的現象 |
| | 生產設備不足或有問題 |
| 操作的浪費 | 技術作業流程圖表欠缺或沒有員工操作方法缺乏統一標準 |
| | 操作工具有問題 |
| | 生產設備比較落後分類不明晰報廢制度不健全 |
| | 儲存空間利用得不好人員、機器、物料、技術等控制不到位 |
| | 客戶退貨 |
| | 檢驗標準不高 |
| | 搬運工具比較落後 |
| | 生產現場規劃不合理 |
| | 產品包裝不好 |
| | 人員流動頻繁 |
| | 工序安排不合理 |
| | 員工培訓不到位 |
| | 工作環境糟糕 |
| | 水、電、燃油消耗 |

## （二）生產的浪費

### 1. 生產工序不合理

由於技術流程的設計存在問題，致使出現了一些不必要的或過於複雜的工序，從而造成了浪費。這類浪費主要表現爲：非計劃的設備停機、不必要的工序、過於複雜的工序等。

**2. 搬運浪費**

在生產現場，可以見到各式各樣的搬運，有人力的，有借助堆高車、傳輸帶等器械的。

搬運不是一種增值活動，無謂的搬運會造成搬運浪費。準時生產通過生產流水線化，目的是避免離島作業，儘量將作業並人生產線內，從而最大限度地消除搬運浪費。

造成搬運浪費的原因有很多，主要包括大批量加工、不協調一致的計劃、換裝時間長、工作場地組織差、不當的工廠佈局、較大的緩衝儲存等。

**3. 不良品浪費**

若產品出現品質問題，將會造成生產企業的材料、工時、設備等的浪費。造成不良品浪費的原因主要有：人爲操作失誤、設備或工具不穩定、不按照標準作業、來料不穩定、設計沒考慮裝配需求、環境發生變化、存放週期長等。在生產過程中，避免不良品浪費的關鍵是出現異常情況時要立即停止生產，解決問題後再繼續生產。

**4. 過量生產浪費**

某生產企業接到一個老客戶的訂購意向書，該生產企業只憑一個大概數量就開始安排生產。後來客戶下訂單時，在原來的基礎上又做了小的變動。結果，這家生產企業生產出了一大批呆貨。

過量生產是指超過必要數量的生產和提前生產。過量生產將造成提早消耗原材料、浪費人力與設施、佔用資金、佔用場地、增加搬運負擔、增加管理費用等問題。

**5. 加工浪費**

加工浪費包括不適當加工和過於精細加工。不適當加工是指機器空運轉、運轉過長，以及由於技術設計的不當而增加額外的輔助加工等。過於精細加工是指把工作做得過於精細，超出了需要的程度，由此產生了加工浪費。加工浪費通常是由於流程無法同步而造成的，通過作業合併，通常可以消除此浪費。

**6. 技術革新浪費**

生產企業的技術變革及技術創新是件好事，但在革新之後，沒有經過檢驗，也會產生浪費。有時候新的生產技術未必能夠達到生產的要求，稍有不慎就會產生大量的呆貨或廢料。對於此類浪費的避免措施就是在使用之前明確生產產品的要求與特點是否與該技術相匹配；對於批量的生產，可以先少量試機，如果可行，然後再推而廣之。

### （三）管理的浪費

**1. 設備管理浪費**

設備管理浪費主要包括因保養不力引起設備故障的浪費，部份設備閒置引起的浪費等，伴隨著產生設備保養零件、潤滑油、保養耗材等的消耗浪費。造成浪費的主要原因有：保養工作不到位，維修不徹底，重覆購置生產設備，因長期閒置或半閒置影響設備的壽命週期等。

**2. 庫存管理浪費**

庫存可產生不必要的搬運、堆積、放置、防護處理、找尋等浪費；使先進先出的作業困難；損失利息及管理費用；物料的價值降低，變成呆料品；佔用廠房空間，造成多餘的倉庫建設投資的浪費等。

造成庫存管理浪費的原因主要有：工序能力欠缺、供應商能力欠缺、換裝時間長、本地(局部)最優化、預測系統不準確、數據庫不準確等。

3. **物流運輸浪費**

精益運輸的目標是將運輸物品的時間壓縮至最短，並將變化減至最低。生產企業物流運輸浪費經常是運用過多的資產(庫存)來滿足運輸時間和變化的要求。物流運輸浪費主要表現在以下幾個方面：運輸商的選擇流程；決策與運輸網路；運輸狀態溝通；與運輸商作關係等來消除物流運輸浪費。

4. **時間管理浪費**

生產企業常涉及的時間有物料供應時間、生產加工時間、交貨期等，事實上，只有嚴格控制時間，才能提高生產效率，提升企業的競爭力。

5. **採購管理浪費**

據相關機構的測算，採購成本每降低 1 個百分點，帶來的利潤回報為 5～7 個百分點，這對很多生產企業來說，是一筆很大的收入。但是，採購管理浪費大量存在於生產企業之採購浪費主要表現在採購制度不健全，採購商選擇不當，採購價格偏高，陷入採購合約陷阱等方面。

精益採購要求建立、健全企業採購體系，使採購工作規範化、制度化，實行必要的招標採購，在保證品質的前提下，使採購價格降到最低；採用定向採購的方式，與供應商建立長期、互惠、互利的戰略夥伴關係；通過與供應商簽訂在需要時提供需要的數量、需要的品種的物料協議，實施適時採購，從而減少物料庫存。

6. **能源管理浪費**

能源管理浪費普遍存在於生產企業中，包括水、電、燃油、燃氣及日常生活中用到的紙張等。通過企業培訓等手段提高全員的素質，可以有效避免這些浪費。

**7. 環境管理浪費**

環境管理浪費一方面指企業內部的作業環境惡劣導致的浪費，如搬運浪費、等待浪費、員工健康支出等；另一方面指因對污染治理不善對自然環境的破壞而引發的浪費，如政府罰款、二次污染治理的費用支出等。

前者可以通過 5S 管理等方式在企業內部推行達到改善作業環境的目的，後者可以通過企業立法、治汙外包等方式達到防汙、治汙的目的。

當然，以上所列浪費現象並不是生產企業浪費的全部。其實，只要善於發現、思考，可以讓浪費無所遁形，可以將浪費向有利於企業發展的方向轉化，從而徹底杜絕浪費。

## 第三節　如何讓浪費無所遁形

很多企業知道控制成本的重要性，可是不知道該從那裏下手，於是在各個環節壓縮生產成本，同時大肆浪費。因爲它們根本就沒有意識到浪費會對企業產生什麼樣的害處。「貪污和浪費是最大的犯罪」，所以消除浪費是企業成本控制最重要的因素之一，也可以說是生產成本控制的孿生兄弟。二者是相互依存的。右人把浪費比喻成「燒錢」，這是很形象、很貼切的，因爲一旦浪費了，就很難再找回來。

### （一）全員尋找浪費

某生產企業購進了足夠一季使用的物料。老闆詢問採購主管爲什麼要進這麼多，採購主管回答說因爲量大，成本壓得很低，而且在採購之前徵求過生產主管的意見，完全可行，因爲生產部門添了一批新的生產設備。

從上面的這個例子可以看出，爲了控制成本，企業採購了大批量的物料。如此以來，其負面的影響也顯現出來了，企業倉儲管理的壓力加大了，倉儲成本也增加了。如果物料堆放一個季，又會有部份損耗。這正說明成本控制與浪費是矛盾對立的。

浪費包括顯性浪費和隱性浪費兩種，而隱性浪費遠遠高於我們可以看得見、摸得著的顯性浪費。如果顯性浪費是冰山，那麼隱生浪費就是海平面以下的巨大部份。上面的例子中，倉儲管理成本及相關的搬運成本等都是隱性成本，採購物料節省下來的資金與這部份造成的浪費相比，可能有「小巫見大巫」的感覺。

再舉一個生活中的例子，你可能會理解得更深入。

俗話說：「寧吃甜桃一個，不吃爛梨一筐。」一個桃子與一筐爛梨相比微不足道，但可能價格差不多，即從成本上來說差不多。可是吃了一個桃子，補充了大量營養素，身體更健康。如果買了一筐爛梨，不吃，很快會全部壞掉，白花了許多錢；吃了，可能會鬧肚子，甚至會影響工作、生活，會賠上更多的錢和時間。二者相比，背後的成本則有著天壤之別。

一般來說，企業可以從以下幾個方面來看企業內部是否存在隱性浪費。

(1)是否生產現場的一切都已經安排妥當，是否已經有足夠的地方安排一切。這裏需要明確的是爲一切劃定位置，包括器具、設備和庫存等。只有這樣才能夠營造一個更整潔、有序和高效的生產現場。

⑵庫存是否閒置，並且沒有馬上投入使用。如果是生產過剩造成的浪費，可能廢品和返工現象隨時發生，員工的時間沒有被有效地用來滿足客戶的需要，非急需的庫存使成本大大增加。

⑶每個流程是否有視覺輔助手段或控制措施並提供準確、清晰的操作指令。缺乏適當視覺控制措施也會造成浪費，但可能會造成一些隱性的浪費。

⑷是否擁有消除生產錯誤機會的手段。該手段可防止生產缺陷產品而造成浪費，從而根本上消除廢品和減少返工。

⑸每個流程安裝或更換設備的時間是長還是短。設備安裝或更換時間過長，會造成浪費，員工的時間不能得到充分利用。生產效率低爲產品增加了額外成本。

⑹員工的工作量是否相同。如果員工間的工作量不相同，帶來的浪費是失衡及由此產生的低生產效率。

### （二）消除浪費的方法

#### 1.集中工廠網路

按照統一目標設計的多家工廠可以更好地組織起來，並使經營更經濟。一般是建立小規模專業化工廠而不是大型縱向一體化的製造廠。

#### 2.成組技術

成組技術考慮了製作一個零件的所有操作工序，並將完成這些操作工序的機器放在一起。成組技術單元減少了不同操作間的移動、等待時間和在製品庫存，也減少了所需員工的數量。然而，員工必須具有充分的柔性以便能夠操作工作中的集中設備，完成工件的加工過程。由於員工掌握了先進的技術水準，因此工作的安全性也得到了保證和提高。

**3. 控制源頭品質**

控制源頭品質意味著在工作之初就要做得十分正確。當出現錯誤時立即停止該工序或裝配線。讓員工成爲自己工作的檢查者，獨自對其產品品質負責。由於員工一次只注意工作的一部份，因此就容易發現工作中存在的品質問題。利用自動設備或機器人進行品質檢查，更快捷、容易、可重覆性強，適合規模大、複雜且不能由人工完成的工作。

**4. 準時生產**

準時生產意味著在必要的時候生產必要的產品，不要過量生產。超過所需最小數量的任何東西都將被看成是浪費。

**5. 均衡生產負荷**

在通常情況下，如果生產工廠出現，生產負荷的現象，那麼生產就會不均衡，進而導致整條生產線和供應鏈發生變化。

解決該問題的唯一辦法是建立固定的月生產計劃，使生產效率穩定，從而盡可能減少變化和調整。因此，生產主管可以通過每天建立相同的產品組合，採用小規模生產的方式來解決工廠生產負荷不均衡的問題。因此，企業可以建立一個綜合產品組合來適應不同的需求變化。

**6. 縮短換模時間**

準時生產以小批量生產爲準則，換模工作必須在一定的期限內迅速完成，因此在生產線上經常進行混合生產。爲了縮短換模時間，換模工作可分爲內部換模和外部換模。內部換模只能在停機後才能進行，而外部換模則可以在機器的運行期間實現。

無浪費製造生產企業發現隱性浪費，還要將浪費消滅，實施無浪費製造，可以達到此目的。實施無浪費製造通常有 7 個步驟。

⑴教育下屬。企業管理人員必須掌握無浪費製造的理念和技能，瞭解常見的隱性浪費，然後持續不斷地積極向下屬予以貫徹，讓其找出浪費並徹底消除。

⑵現場示範。現場示範的目的是讓每個流程盡可能實現高效率，讓每名員工重視生產現場，把生產現場中與生產無關或者不能迅速增值的所有東西全部清除。

⑶建立推廣辦公室。從各部門中抽調人員，建立推廣辦公室，在企業內推廣無浪費製造的理念和技能。

⑷確定核心流程。明確企業中能建立起企業獨特技能的流程，然後提供保持企業在業內的領先所必需的智力、資源、資本和管理等。

⑸根據無浪費製造原則決策。依據無浪費製造原則而不是經濟利益進行決策，這一點非常關鍵。

⑹充分利用設備。授權會給精選的人員，使他們無須正式批准就能適時、適地地移動設備，目的在於使設備儘快利用起來，真正能滿足客戶需要。

⑺建立產品單元管理。這是推行無浪費製造過程中最重要的一步。它需要企業堅定不移地組織跨職能團隊，該團隊可作爲每個製造單元所生產產品的擁有者。

按照上述步驟去做，企業會在品質、客戶訂單、運作成本和生產效率方面取得良好的改進效果，並且可爲連續不斷的改進打下基礎。

## 第四節　降低生產浪費的先決條件

企業生產經營的目的是追求利潤最大化。而追求最大利潤通常有兩種方法：一是增加收入；二是削減成本。在當今這個商業競爭日趨激烈、產品同質化嚴重並且利潤趨微的時代，成本控制已經成爲企業利潤倍增的重要途徑。可以說，誰能「玩轉」成本，誰就掌握了市場的主動權。因此，成本控制，對任何企業都很重要，對生產企業尤其如此。

生產成本控制是一個系統的工程，需要企業全體人員共同參與。對生產主管來說，既要懂得有效地控制生產成本，更要讓每位員工學會如何利用資金、如何提升生產績效。

### 一、應樹立的 5 種控制生產浪費意識

在生產企業中，原材料的費用佔了總成本很大的比重，一般在 60%以上，有的甚至高達 90%。因此，對於生產企業，生產成本控制是企業成本控制的首選。而作爲生產主管，必須要有強烈的成本控制意識，具體表現在以下幾個方面。

**1. 省錢就是賺錢**

「貪污和浪費是最大的犯罪」，人們習慣性地記住了「貪污是犯罪」，而將「浪費也是犯罪」忘到了九霄雲外。許多企業甚至爲了一點所謂的「面子工程」，爲了一些短暫的舒適安逸，投入大量

的人力、物力、財力。對於生產主管而言，必須學會去省錢，將每分錢都用在刀刃上。

企業少花一分錢，就相當於多賺一分錢，這是很多企業的共識。鋼鐵大王卡內基、石油大王洛克菲勒都是省錢的好手，他們都「省錢就是賺錢」理論的支持者，甚至到了爲省錢而「不擇手段」的地步。

美國石油大王洛克菲勒習慣到一家熟悉的餐廳用餐，餐後都會給服務生 15 美分的小費。有一天，他只給了服務生 10 美分。服務生抱怨說：「如果我像你那麼有錢的話，我絕不吝嗇那 5 美分。」洛克菲勒笑了笑說：「這就是你爲何至今還當服務生的緣故。」

因此，洛克菲勒所說的「省錢就是賺錢」的道理很受人們的追捧。事實上一些大企業以及企業家也是這樣做的。

英代爾總裁、副總裁一般不坐頭等艙，與員工同在一個餐廳就餐；沃爾瑪創始人山姆每分錢都精打細算，員工也是如此。

**2.生產成本控制要以企業價值最大化為目標**

很多企業雖然提前做出預算，但是實際支出往往比預算高很多。因爲實際中的不確定因素很多，那怕一個細節沒考慮到，都會產生致命的錯誤，從而造成大量的浪費。這並不是說企業沒有進行生產成本控制，而是沒有將生產成本控制到最低，沒有實現企業價值最大化。

對於生產企業來說，生產成本控制的範圍很大，如人工成本、設備採購成本等，而每一個環節又有很多可以進行成本控制的點。例如，訂單處理不及時、物料採購過多、設備日常維修不到位等狀況，都會在無形中加大企業的生產成本。企業價值最大化，並不是要求將每一個環節的生產成本控制到最低，而是將整體的生產成本控制到最低。

某企業成本控制做得很好。然而，在生產某種產品時面臨兩種物料選擇：物料 A 和物料 B。物料 A 價格偏高，可以隨時供應，而且品質高一些；物料 B 價格便宜，品質稍差一點，但對產品品質影響大。現在，物料 B 暫時缺貨，即使立即著手採購，也會延遲交貨期。在這種情況下，企業採用了物料 A，雖然成本上略有上升，但可以減少產品的庫存管理期，可以提前交付產品。所以，生產主管在控制生產成本的同時，要時時想到爲企業創造最大價值。

### 3. 生產成本控制不是一味地強調節約

節約是中華民族的傳統美德，也是我們奉行幾千年的一個好習慣。現代企業要求人人都要有節約意識，並要有意識地爲企業節省成本。但是，要記住：生產成本控制，不僅僅是節約。

一提到生產成本控制，許多人會想到單純地削減生產成本，把生產投入的成本降低作爲唯一目標。其通常的做法有：降低原材料的購進價格或檔次，有時也會以次充好；減少單一產品的物料投入，降低技術過程的費用；降低人工成本來招聘新員工，從而造成生產效率大大下降；等等。這樣做的結果是企業生產的產品品質不合格、優秀的人才大量流失，甚至會影響企業的品牌形象，使企業陷入困境。

因此，企業要想持續發展，必須從戰略的高度來實施生產成本控制。也就是說，企業要做的不是單純的節約和削減成本，而是提高生產力、縮短生產週期、增加產量並確保產品品質。如果企業在培訓、技術研發等方面加大資金投入，那麼企業的生產效率會大大提高，次品率會大大降低甚至接近於零，產品壽命週期會得以延長，企業競爭力會相應提升，品牌知名度也會得到提升。

**4.生產成本控制是一個長期的、系統的、持續的過程**

生產成本控制既不能一蹴而就，也不能立竿見影，它是一個長期的、系統的、持續的過程。

因爲生產企業的成本控制不僅僅局限於某一個環節，而是整個供應鏈。從訂單處理、物料採購，到生產加工、物流配送、終端銷售等，它是一個持續的鏈條，任何一個環節成本控制不力，都會導致生產成本急劇增加，所以，供應鏈的每個環節都必須加強成本的控制。只有整個供應鏈得到了優化，企業的生產成本才能得到最有效的控制。所以，生產成本控制是一場持久戰，而且需要企業全體員工的參與。

佳能集團的總裁小澤秀樹曾說:「佳能利潤率提高的秘訣在於成本控制。從研發、設計到生產銷售這一系列的過程，我們都做了嚴格控制，在保證優質產品的同時把產品成本降下來，從而在激烈競爭的市場中保持了良好的利潤。」因此，小澤秀樹才敢定出遠大的目標。

**5.將生產成本控制變成習慣**

對企業來說，生產成本控制是需要由上向下進行貫徹的。企業的高層管理者首先要有強烈的生產成本控制意識，因爲高層管理者不懂生產成本控制比員工不懂更可怕，尤其是在各種制度、企業文化、培訓機制尙不健全的企業裏。但現實的情況是，只靠員工的自覺性很難將企業的生產成本控制做好，因爲並不是每個人都把自己看成企業的一分子，這就要求高層管理者必須對員工給予足夠的重視、學會適當授權、爲員工提供發展的平臺和必要的技能提升培訓等。

所以，在企業裏無論高層管理者，還是普通員工，都擁有很強的生產成本控制意識，視生產成本控制爲己任，並且養成一種習慣，自覺自動地進行生產成本控制。

當企業的每一名員工都樹立了良好的生產成本控制意識並養成了生產成本控制的習慣時，企業的各種成本就會得到有效控制。然而，習慣的改變是需要過程的，如表 1-4-1 所示。

**表 1-4-1　習慣重塑週期表**

| 階段 | 時間 | 改變的方式 | 改變的感覺 |
|---|---|---|---|
| 第一階段 | 0～7 | 刻意 | 不自然 |
| 第二階段 | 7～9 | 刻意 | 自然 |
| 第三階段 | 21～90 | 不經意 | 自然 |

## 二、生產浪費的原因

浪費就是無效工作勞動，即不能增加附加値的工作勞動，另外，還包括導致成本增加或雖然增加價値，但耗用資源過高的因素。通常一種浪費能夠導致另外一種浪費，因此，識別和消除浪費是非常重要的。

在生產現場，產生浪費的原因有很多，具體分以下 4 個層次。

第一層次浪費，是指產生浪費的根本原因是存在過剩的生產要素，即人、設備、物料和廠房等，這些構成了第一層次的浪費，具體表現爲以下 4 個方面。

過多的人員，產生不必要的勞務費。過多的設備，產生不必要的折舊費。過多的物料，產生不必要的利息支出。過多的廠房，產生不必要的租賃費。

第一層次浪費之間的相互作用，產生了第二層次浪費，如表1-4-2所示。

**表 1-4-2　工廠生產中的 7 大浪費**

| 浪費的種類 | 產生原因 | 實例說明 |
|---|---|---|
| 等待的浪費 | 由於生產原料供應中斷、作業不平衡和生產計劃安排不當等原因造成的無事可做的等待 | 1.生產線上不同品種之間的切換，準備工作不充分，造成等待的浪費<br>2.日工作量變動幅度過大，忙閑不均，造成人員、設備閒置<br>3.上一工序出現問題，導致下道工序無事可做 |
| 製造過多或過早的浪費 | 爲避免等待（尤其是人的等待），各工序便製造出了過多或過早的客戶不需要的產品 | 1.提前用掉生產費用，隱藏了等待所帶來的浪費，失去持續改善機會<br>2.由於生產能力過大，增加了在製品數量，產生了搬運、堆積等浪費<br>3.製造過多或過早，會帶來龐大庫存，利息增加，並增加了貶值風險 |
| 搬運的浪費 | 具體表現爲放置、堆積、移動和整列等動作浪費 | 帶來物品移動所需空間、時間和人力工具的佔用等不良後果 |
| 庫存的浪費 | 庫存過多，導致機器故障、不合格產品、計劃有誤、品質不一致等問題被掩蓋 | 企業生產線出現故障，造成停機、停線，但因有庫存而沒斷貨，這樣就將故障造成停機、停線的問題掩蓋住了，延遲了故障的排除 |
| 動作的浪費 | 由於作業設計不合理，總會出現拿上、拿下、彎腰、對準等不增值的動作 | 包括兩手空閒、單手空閒、作業動作突然停止、作業動作過大、左右手交換、步行過多、轉身角度太大、移動中變換「狀態」、伸背、彎腰動作以及重覆動作和不必要的動作等 |

續表

| 浪費的種類 | 產生原因 | 實例說明 |
| --- | --- | --- |
| 不合格產品的浪費 | 由於工廠內出現不合格產品，因此，需要花費時間、人力、物力進行處置，從而造成的相關損失 | 1.材料損失、不合格產品變成廢品<br>2.設備、人員和工時的損失<br>3.額外修復、鑑別、檢查的損失<br>4.有時需要降價處理產品，或者由於耽誤出貨而導致工廠信譽的下降 |
| 過分加工的浪費 | 包括多餘的加工、過分精確的加工及需要多餘時間和輔助設備造成的加工浪費 | 1.實際加工精度過高造成資源浪費<br>2.一些看似增值的工序可以省略的，卻沒有省略 |

第二層次的 7 種浪費，是多餘的基本生產要素相互作用的產物，他們相互作用的程度截然不同，具體表現爲以下兩個方面。

等待，未發生任何人、機、物之間的相互作用，終止或拖延了其他新的浪費，只產生了第一層浪費帶來的基本費用的提高。

過量製造，人、機、物之間相互作用完全，並將前序「不完全」的搬運、庫存、動作、不合格產品、加工的浪費全部納入製成品之中，將各階段的勞務費、折舊費等費用疊加起來，大幅度增加了生產成本。

過量製造的結果是在生產線的週圍產生了過剩的庫存，即是第三層次的浪費。

前三個層次的浪費，例如，過剩的庫存需要重新擺放，若現場容納不下，需要建倉庫，需要在倉庫之間進行搬運，以及需要清理和修復等，又產生了管理的浪費，即第四層次浪費。

管理的浪費是在問題發生以後，管理人員採取相應的對策進行補救而產生的額外浪費。管理浪費是由於事先控制不到位而造成的，因此，生產主管應進行合理的規劃，並在生產過程中加強管理、控制和回饋，從而減少管理浪費。

## 三、改善浪費的指標

那麼，如何才能消除或減少浪費呢？首先，生產主管要具備改善意識，考慮如何做可以消除浪費，如果不能消除浪費，是否可以減少，若消除或者減少浪費，會出現什麼樣的狀況？

關於改善思考的要素，如圖 1-4-1 所示。

**圖 1-4-1　改善思考的 5 個要素**

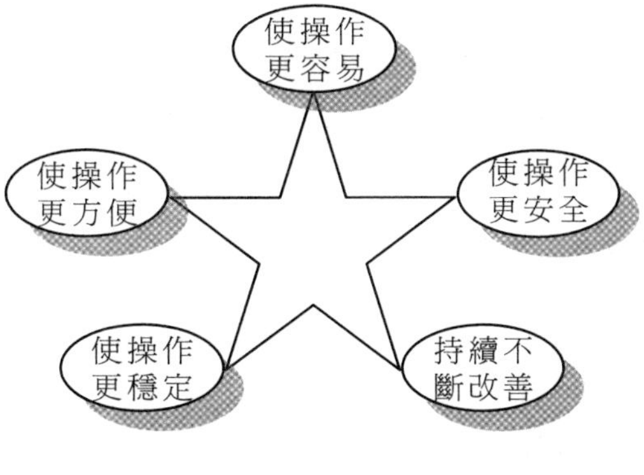

對圖 5-8 進行分析，可以得出改善浪費的 7 個衡量指標。

- 面積。
- 品質。
- 週轉時間。
- 安全。
- 生產效率。

・零件品種。

・在製品數量。

此外，改善浪費還要遵循以下 10 個基本原則。

・拋棄傳統觀念。

・思考如何做，而不是爲何不能做。

・從否定現有的做法開始，不要找藉口推託。發現問題立即解決。

・立即改正錯誤。

・從最簡單的、不花錢的項目做起。

・樹立總會有解決辦法的思想。

利用 5「W」法，找出造成浪費的根本原因。充分發揮團隊的力量，實行全員改善。

樹立雖然有些浪費是不可避免的，但改善是無止境的意識。

除了要遵循以上原則外，還要考慮改善的優先順序，一般情況下，都是先從作業者開始，然後是作業方法的改善，再到物料，最後是機器設備。

心得欄 ----------------------------

----------------------------------------

----------------------------------------

----------------------------------------

----------------------------------------

----------------------------------------

# 第 2 章

# 如何降低研發成本費用

## 第一節　產品生產與技術的成本控制

企業在產品生產之前的成本控制是生產成本控制的關鍵，如果前面沒有把控好，後面的操作就會受到直接的影響。控制內容主要包括：產品設計成本、生產技術成本、物料採購成本等。根據統計數據表明，產品總成本的 60%取決於生產之前的成本控制工作的品質。所以，生產之前的成本控制程度基本決定了產品的生產成本。

### 一、產品設計優化

#### （一）產品設計決定產品成本

一般來說，產品的設計對整個產品生命週期成本的變化有著決定性的影響。也就是說，產品設計一旦完成，產品成本也基本確定，在以後階段降低的空間相當有限。即使產品使用的物料有所變化，但一般來說產品成本變化的幅度也不會很大。

在大多數企業裏，產品設計屬於產品研發的範疇。所以，在產品設計階段加大成本控制就成了企業整體成本控制的關鍵。在產品設計階段，往往要借助企業的各種資源，投入相對較大，如果所設計的產品不能適應市場，無法達到預期目標，就會給企業造成巨大損失，甚至是災難性的打擊。

在產品設計過程中往往存在以下偏失，而生產主管則要有意識地從相應的點上下工夫，查看產品設計是否存在成本問題。

**1.過於關注產品的性能，忽略了產品的經濟性**

為了追求產品設計的完美，一些企業力求使產品的功能齊全、性能最優，但這樣的產品未必能夠暢銷。生產主管對產品所需技術及相關的原材料價格非常熟悉，可以進行綜合比較，分析新產品的開發是否能從成本上得到有效控制。

**2.忽略了原產品替代功能的再設計**

一些產品之所以昂貴，往往是由於設計的不合理，在沒有作業成本引導的產品設計中，許多部件及產品的多樣性和複雜的生產過程的成本被忽略了。雖然通過對產品的再設計能達到進一步削減成本的目的，但是很多時候，新產品推出後，企業會把大部份精力投放到其他正在開發的新產品上，以求加快新產品的推出速度。

三洋進軍收音機市場時，市場已經被多家知名企業佔據。經過調研，三洋發現當時在日本市場上，一台 5 燈收音機的零售價格約在 1 萬日元以上，而且大都是木制外殼。如果價格能夠得到控制，三洋就必須提高收音機的性能，改善收音機的外觀設計。

通過採購質優的非知名品牌零件，三洋的收音機達到了性能上的要求。在產品外觀上，三洋做了一個大膽設想——用塑膠做外殼。經過不斷的嘗試，這種嶄新的收音機終於投入批量生產，並且很快進入市場。這種新型收音機的上市，在同行業裏引起了極大的震動。在短短的兩年內，三洋收音機銷量超出了絕大部份老牌企業，取得了僅次於松下電器的市場佔有率。

**3.忽略了產品設計背後的隱藏成本**

其實，任何一種產品設計出來後，在沒有經過市場檢驗之前，都有存在瑕疵的可能。生產主管在投產前有責任和義務對新產品或更新的產品進行查看。根據生產實際的經驗，生產主管如果發現有可以改進或節省成本的地方，可以提出自己的建設性建議，再由研發部門進行再優化、完善，從而使產品設計達到最優。

生產主管之所以要如此重視產品設計，是因爲一旦新設計的產品投產，這背後會隱藏許多成本，如採購成本、人工成本、倉儲成本、運輸成本等。那個環節考慮不週，都會造成巨大的損失。

## （二）產品設計優化的5種策略

生產主管在產品設計優化方面，要以生產成本控制爲前提，常見的策略有5種。

**1.以目標成本作為衡量準則**

目標成本最終反映了客戶的需求，沒有達到目標成本的產品是不能投人生產的。因此，無論產品設計，還是技術設計，當設計方案的取捨對產品成本產生巨大影響時，目標成本就成爲一個衡量標準。

**2.組織各部門人員參與討論**

新產品被設計出來後，在運行之前，一定要召集採購人員、生產一線人員、儲運人員和技術人員等集體討論，以成本控制爲中心全方位考慮成本增長的可能性，發現產品設計背後的隱藏成本。

**3.增加產品設計中的功能附加值**

生產主管可根據生產的實際，提出一些在不增加成本的基礎上提升產品附加值的建設性建議。這樣，可使產品因附加值較大而具有較大的競爭力。

**4.去除增加成本的不必要的功能**

事實上，設計人員在進行產品設計時往往爲追求完美而增加了許多功能，而這些功能投入市場不會帶動市場價格的變化卻增加了產品的生產成本。因爲客戶最關心的產品的性價比是否達到最優，過多的功能或無法匹配的功能都會被客戶認爲是浪費而遭到摒棄，因此，這類功能可以被去除。

**5.考慮產品的擴展成本**

在設計某種新產品時，除了考慮產品所需材料成本外，還要考慮該項材料的應用是否會導致其他方面的成本增加。如果所用的材料很難採購、不方便倉儲、裝配和裝運有難度等，那麼說明該產品的設計存在很大的缺陷。因爲，這樣不但會增加產品的成本，還會增加產品生產的難度，也會降低產品的生產效率。

## 二、生產技術成本控制

所謂生產技術，就是生產的計劃性、規範性指導和作業標準，通過計劃、規範和標準作業的實施來確保整個生產過程都符合生產要求，進而提高生產效率，有效控制生產成本。企業之所以強調生產技術的重要性，目的是提高生產效率、改善工作環境、提高產品品質、增強員工滿足感和歸屬感、提升客戶滿意度等，當然，通過這些也可以有效控制企業的整體成本。

### （一）技術管理是生產技術成本控制的核心

爲了應對激烈的社會競爭，許多企業大量採用新技術、新技術、新材料，同時伴隨著自動化生產線的不斷發展，大大加速了生產自動化的程度。

隨著新產品的增加，新的技術流程也會發生變化，對生產的整體要求也會提高。俗話說：「牽一髮而動全身。」因此生產技術的變化會對生產成本產生很大的影響。而技術管理也就顯得至關重要，成爲生產技術成本控制的核心。

技術管理就是按照企業行銷計劃和產品技術要求，採用合理、經濟的技術方法與加工設備，從技術上降低生產成本，提高工作生產率，按期完成生產任務。具體表現爲：

⑴積極推廣應用新技術、新技術、新材料、新設備，開發研製新產品，不斷提高生產技術水準，確保產品品質。

⑵合理組織各項技術工作，抓好生產技術準備工作。

⑶建立良好的生產技術工作秩序，健全日常技術管理的各項制度，確保生產正常進行。

⑷教育員工嚴格按照設計圖紙、技術流程、技術標準進行生產；積極開展技術比賽和員工技術培訓，努力提高技術人員的技術素質。

⑸廣泛開展技術創新和合理化建議活動，充分挖掘生產潛力，提高企業效益。

⑹加強安全教育，從技術上採取保證安全生產的有效措施，制定具體的安全技術操作流程。

⑺嚴格技術紀律，及時解決現場的技術問題，保證安全生產，爲工廠生產的順利進行提供一切可靠的技術保證。

(8)開展「雙革(技術革命、技術革新)、四新(新產品、新技術、新技術、新材料)」活動，認真消化、吸收、改善、引進技術，不斷提高產品品質，降低物質消耗。

(9)加強崗位培訓。

**（二）標準化是生產技術成本控制的保障**

優良的產品品質、高生產效率、低成本生產等成爲衡量生產管理水準的重要指標。如何達到這樣的指標呢？「工欲善其事，必先利其器」，以上這些指標得以保障的利器就是標準化。標準化是爲了在一定的範圍內獲得最佳秩序，針對實際的或潛在的問題，制定共同的、重覆使用的規則的活動。推行標準化具有重要的現實意義，主要包括以下幾個方面。

**1.可以帶來規模效應**

當一切都有了標準，就會使產品的零件生產標準化，生產的零件可以自由更換，增強了其通用性；產品的流程標準化，保證了產品的品質。

現在，越來越多的企業採用批量採購的方式，隨著批量的加大，採購價格會不斷降低。其實，有時候即使採購的總量沒有下降，但由於每種零件標準化了，能夠整齊劃一，採購的數量也相對增大，也等於擴大了採購的規模，從而降低了採購成本。

**2.可以降低生產成本**

標準化除了增加生產批量、進一步降低成本外，還減少了轉產次數、降低了相關的費用，也實現了生產成本的降低。

某開關生產企業，原來的開關品種多達 83 種。後來，該企業推行標準化，按照統一的標準進行生產，結果使開關品種降到 47 種。此舉使該企業零件的採購和生產的成本都降低了。

### （三）完善的技術文件是標準化的前提

由於企業的很多產品生產週期短、用料多、產量大，因此需要一個標準化的東西來指導、規範和整合，而技術文件就充當了這樣一個角色。技術文件是企業指導生產、加工製作和質量管理的技術依據，它主要包括產品設計和開發文件、產品工程資料、產品核對總和測試文件、產品生產計劃文件、產品包裝文件和崗位操作指導書等。

中外很多知名企業之所以成爲標準化的典範，如豐田、麥當勞、肯德基等，就是因爲它們都有一套完善的技術文件系統。

麥當勞的作業手冊有 560 頁。其中，對如何烤一個牛肉餅就寫了 20 多頁。作業手冊詳細介紹了每一個動作、姿勢、流程等方面，要求完全細化、量化。這樣的結果就是，所有員工的動作都能規範統一，做出來的東西全部是一個標準。這正是全世界幾萬家麥當勞的漢堡包都保持一個味道的秘訣。

技術文件服務的範圍很廣，其重點服務對象包括企業生產線、一線作業人員、企業管理者、企業本身、供應商、客戶及其他相關的利益團體。技術文件的規範，可以最大化地提高生產效率，改進生產線，合理配置各種資源，指導生產線按計劃生產，避免不必要的勞動，分析錯誤並糾正偏差，降低技術人員的流動帶來巨大影響的概率等。

技術文件的編制一般是根據產品圖樣和技術標準、企業生產條件、批量大小和相關的技術標準等進行的。因此，企業在編制和應用技術文件時，需要明確以下幾個要點：

⑴必須有嚴格的技術文件管理制度，以保證生產的正常運行。

⑵技術文件必須符合生產過程的技術要求。

⑶技術文件在生產中要經過生產實踐的考驗，並不斷完善和改進。

⑷必須做好歸檔、登記、保管、更改、封存等各項工作，並建立技術文件登記目錄。

## 三、物料採購成本控制

### （一）物料採購成本控制的 6 種策略

物料採購是企業成本中最大的一個部份，那麼，如何提高物料採購效率，有效控制物料採購成本呢？可以從以下幾個方面著手。

#### 1. 選擇物料的採購管道

企業常用的物料的來源比較多，包括：企業自行生產加工，國內供應商處採購，國外供應商處採購，客戶提供，委託專業工廠加工等。如果從成本控制的角度考慮，國內採購提供，省力又省心；等等，生產主管要根據企業的實際狀況、生產發展的需要、客戶的訂單需求等，綜合權衡、比較，從而確定物料採購的管道。

因爲生產主管不僅要考慮物料採購的成本，還要考慮其他邊際成本，如運輸成本、倉儲成本會不會加大，生產加工複雜程度會不會提高，企業的整體利益會不會下降等。

**2. 優選供應商**

合理的供應鏈管理可以使企業通過最小的成本獲得最大的收益。企業要優化供應鏈，從整體上降低生產成本，選擇適宜的供應商是非常重要的。企業在選擇供應商時，可從以下幾點入手。

⑴供應商是生產廠商。直接從生產廠商批購物料，往往是最便宜的；多一道批發商、經銷商，多一道成本控制關。所以，企業要想降低採購成本，所選擇的供應商應該本身就是生產廠商。

⑵首選批量穩定的供應商。供應商的生產規模、資質、信譽及自己企業訂貨量的多少，是選擇供應商的基本指標。要將批量穩定的供應商列爲首選合作夥伴。

⑶供應商與企業協同發展。選擇的供應商必須能與企業共同發展，供求雙方能進行戰略溝通，從而促進協調發展，實現供求雙方的雙贏。

⑷供應商要具有很強的增值服務能力。供應商的增值服務包括：以客戶爲核心的服務，以促銷爲核心的服務，以製造爲核心的服務等。爲了贏利，供應商也會積極參與合作發展，通過其增值服務爲企業提升競爭力。

⑸對供應商能力和信譽進行考核。企業要定期對供應商的綜合能力、競爭能力等進行考核，同時對供應商的信譽進行評比，對能力強、信譽好的供應商要重點培養，使之成爲戰略合作夥伴。

⑹多管道收集信息，開發新的供應商。供應商雖然不是多多益善，但供應商的信息應是多多益善。企業收集採購信息的方式

可以多樣化，如 internet、報刊、同行、展會、研討會、協會等，有計劃地開發新的供應商，以便拓寬思路，實現產品的創新與優化。

**3. 按生產計劃採購物料**

生產主管在進行物料採購時，要把握的重要一條就是：要按生產計劃來採購物料。對於常用的、通用的消耗性物料，企業多備一些是沒有問題的。但出於成本控制的考慮，按生產計劃採購物料是完全可行的，盡可能減少物料的庫存量，以降低物料的管理成本、搬運成本等。

**4. 完善企業的物料採購成本控制制度**

物料採購成本控制制度，是保障企業順利運營的基礎，也是保證與供應商互惠共贏的基礎。生產主管可以把實際工作中的經驗及教訓融入採購制度，漸漸形成標準化的規定，要求人人遵守即可。

**5. 嚴格批核所採購的物料**

向供應商要利潤是物料採購成本控制的核心。生產主管可以採用 3 種策略，在保證同質的情況下降低物料採購的成本。

⑴瞭解所採購的物料是由那些材料組成的，全面分析其製造成本。

⑵瞭解所採購的物料可用在什麼地方，以及該物料的需求量和售價。

⑶瞭解所採購的物料的替代品有那些，獲取新供應商的信息。

嚴格批核物料採購，可以獲得最優的採購價格，也可以減少採購人員「灰色收入」的機會。

**6.掌握採購物料的方法**

在進行物料採購時，生產主管可根據具體情況採取不同的方法。

⑴招標採購。將所要採購物料的所有條件，如物料名稱、規格、數量、交貨日期、付款條件、罰則、投標廠商資格、開標日期等詳細列明，並在報紙、internet 等媒體上公告。

投標廠商依照公告的所有條件，在規定時間內參加投標。

該方法是企業獲得供應商信息的一個重要方法，而且通過競標的方式可以快速獲得質優價廉的物料。該方法對於採購批量物料是非常有效的。

⑵集中採購。有些企業規模較大，在採購大批量的物料時，採用集中採購的方法，可以降低物料的整體價格。

海爾曾對鋼板、化工物料、電子零件等大宗原材料實行集中採購，爲集團節省成本 20%～30%。電纜是海爾眾多產品都要使用的部件，爲了做到集中採購，採購部門和產品設計部門通力合作，對冷氣機、洗衣機、電冰箱等產品所用到的電纜進行了統一的重新設計，能夠標準化的標準化，能採用通用部件的儘量使用通用部件。通過這些措施，海爾所採購的電纜由原來的幾百種減少爲十幾種。採購產品種類減少，實現了集中採購。

⑶聯合採購。現在是一個合作性的時代，行業之間的合作成爲必然，因此，行業之間的不同企業可以形成一個利益共同體，共同進退，這樣，各企業都會獲得一些價格比較低的物料，其結果是使生產成本降低。

⑷第三方採購。將企業的物料採購外包給專業的採購公司，也是企業降低物料採購成本的重要方式。專業的採購公司有專業

的採購談判專家、廣泛的採購供應網路，可以以最快的方式爲企業尋到最適合企業的供應商。

第三方採購就是借助外部專家的知識和技術，這對企業的間接物料和服務的採購非常有利，因爲間接物料和服務的採購支出要佔到企業總支出的 30%～60%，而大多數企業從來就沒有很好地控制這部份採購支出。

⑸電子採購。如今，許多企業存在部門多、產品雜、許多物料的關聯性比較弱、單獨採購、問題較多等現象。隨著電子商務街、在線市場、電子商城等名詞的出現，越來越多的企業開始接受電子採購，並認爲這是最有效的方法。

電子採購引入最成功的案例之一就是 GE。有人說傑克・韋爾奇對 GE 的最大貢獻有兩點：一是引入六西格瑪，二是實行電子採購。

電子採購操作比較方便，只要可以上網，申請一個帳號，發出採購申請，標明採購產品的內容及要求，然後等待網站的審批。一旦審批通過，採購即變成一個有效的申請。供應商只要在網上下單，就可以順利完成，甚至連發票都是電子發票、支付也是電子支付，方便快捷，正大光明。由於比較的空間較大，可以降低成本，更重要的是時間成本可以大大下降。

### （二）改進物料採購策略

物料採購策略實施是一個動態、持續性的過程，生產主管要隨著企業內、外部情況的變化，在物料採購策略方向不變的前提下，進行相應的調整，這樣才能使物料採購策略得到不斷的改進。

根據一般企業的特點，可將整個物料採購策略的重點集中在兩個方面，即優化物料採購決策平臺和加強以績效考核爲核心的物料採購管理。

1. **優化物料採購決策平臺**

根據物料的價值、風險度和複雜度，可以把物料分爲 4 種類型，如圖 2-1-1 所示。

**圖 2-1-1　物料的 4 種類型**

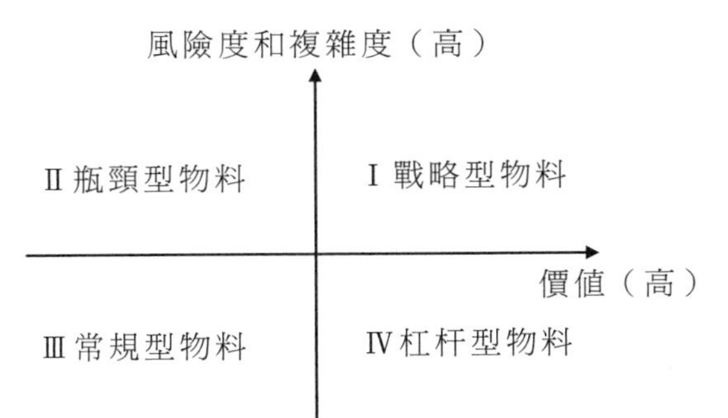


經過把物料進行分類，採取不同的優化策略，對物料採購策略進行規劃，可以全面降低物料採購成本，提升企業的贏利能力。

一般來說，在控制物料採購成本時，有幾個策略，如表 2-1-1 所示。

**表 2-1-1　物料採購成本的控制策略**

| 物料類型 | 策略 |
|---|---|
| 戰略型物料 | 和少數關鍵供應商結成戰略性合作關係 |
| 瓶頸型物料 | 不斷開發新的供應商；修改自己的需求，轉化爲其他類型的物料 |
| 杠杆型物料 | 擴大尋源範圍，通過招標降低物料採購成本 |
| 常規型物料 | 通過標準化和自動化的採購流程簡化採購過程，降低物料採購成本 |

沃爾瑪的創始人沃爾頓特別重視成本控制。通過砍價議價，供應商的價格到了供貨的底線，這應該可以了吧？不！沃爾頓還要再進行分析，然後再次壓縮供貨上門的物流成本。爲此，沃爾瑪專門成立了自己的物流部門，直接到供應商的倉庫提貨，再次壓縮成本。

**2.加強以績效考核為核心的物料採購管理**

好的策略也需要週密的計劃和徹底的執行。物料採購管理涉及範圍很廣，形式多樣，即涉及採購組織、採購人員和績效考核之間的關係：物料採購策略確定企業的採購組織結構，根據採購組織及管理方式確定適宜的採購崗位，制定清楚、明確的崗位說明書和採購職責描述，依據企業戰略和目標設立採購組織和採購人員的績效考核指標體系，對如何獲取和保持技能制定戰略計劃並付諸行動。

⑴人是採購的主體。企業需要一支專業的採購隊伍，而且任何一名採購人員所具備的不能僅僅是砍價能力，而是要具有全局意識，要具有全面降低採購及生產成本的能力。因此，企業需要對採購人員進行必要的培訓，以提高全面的成本控制意識和必要的砍價、議價能力。

⑵對採購人員進行績效考核。對採購人員完成既定目標的情況進行瞭解，需要有詳細的關鍵業績指標，依據關鍵業績指標就可以對採購人員進行全面的考核。

⑶對供應商進行考核。對供應商進行考核的關鍵業績指標包括供應商的可靠性、每個物料類別的供應商數量、每個供應商類別的供應商數量等。

物料採購策略會隨時發生變化，需要隨時進行改進。因爲只有持續不斷地改進物料採購策略，才能不斷降低整體成本，實現成本的全面控制。

影響，嘗試效果並不理想。3 年後，基於「電子採購系統的首要目標是規範物料採購業務過程、提高工作效率，其次才是降低物料採購成本」的理念，該集團重新啓動電子採購項目。經過精心準備，該集團引進了包括競價採購和詢比價採購兩種模式的電子採購系統，兩種採購模式相輔相成，同時包括供應商管理、統計分析等模塊。經過實驗，比原來的物料採購價格低 5%～15%。隨後，這一系統在集團全面推行起來，既對集團內部員工進行培訓，還對供應商進行培訓，從而大大降低了物料採購成本。

## 第二節　產品研發、試製費用的控制

### 一、研發經費控制辦法

#### 第 1 章

第 1 條　目的

本著以下四個目的，根據工廠經營發展的實際情況和技術發展現狀，特制定本方案。

1.合理使用研發經費，降低產品或技術研發的成本。

2.使用有限的經費創造最大的價值。

3.防止研發經費的流失與浪費。

4.確保工廠依靠技術進步加速發展。

第 2 條　研發經費管理原則

1.計劃統籌安排的原則。

2.研發項目實行研發經費承包制原則。

3.節約使用、講求經濟效益的原則。

## 第 2 章

第 3 條　研發經費的來源

1.集團公司財務中心按銷售額的_____%提取用於重點產品研發的專項撥款。

2.工廠自己從其他方面籌措用於研發的費用。

第 4 條　研發經費的使用範圍

研發經費的支出範圍主要包括以下 13 個方面。

1.研發項目的調研費。

2.研發人員的差旅費。

3.對外技術合作費。

4.外委試驗費。

5.研發活動直接消耗的材料、燃料和動力費用。

6.研發工具費，包括研發工具的購置費用、折舊費等。

7.研發過程中的技術資料費。

8.原材料與半成品的試驗費。

9.新產品或新技術的鑑定、論證、評審、驗收、評估等費用。

10.知識產權的申請費、註冊費、代理費等。

11.研發人員的工資、獎金、福利等。

12.爲達到研發目的所發生的專家諮詢費。

13.研發失敗的損失。

## 第3章

第5條　設立研發經費管理的專門組織

1.工廠應設立專門的研發委員會，由總經理、副總、財務部、技術部、生產部等相關部門的經理組成，主要負責審議研發經費的預算、審議研發項目、審議研發的成果等。

2.工廠成立研發部，直接對工廠總經理負責，任何人無權干預。

第6條　建立研發經費預算制度

1.研發經費應編制單獨的預算。

2.研發部一般需要根據已制訂的年度研發計劃，在財務部的協助下，對下一年度的研發經費進行預算，並編制研發經費預算報表。

3.所編制的研發經費預算必須經過研發委員會的審批。

第7條　建立研發經費專款專用制度

研發經費按單項預算撥給，單列帳戶，實行專款專用，由研發部掌握，財務部監督，不准挪作他用。

第8條　對研發項目建立項目負責制

1.工廠擬對某一產品或某項技術進行研發時，應指定專門的項目負責人。

2.項目負責人主要負責組織研發項目小組，並根據項目的具體進度分配研發經費，並定期接受工廠對於研發進度和經費使用情況的考核。

3.工廠會根據項目進度成果和經費使用情況進行處理，如果研發項目小組在規定時間內完成研發工作且研發經費有剩餘，則將剩餘費用按照一定的比例獎給該研發項目小組。

第 9 條　對研發項目建立進度報告制

1.研發部或項目小組應定期編制研發項目進度報告，呈報研發委員會審核。

2.研發委員會應根據研發項目的進度報告審核項目的進度成果，並根據項目的進展情況按預算撥款。

3.若研發委員會在審核項目進度的過程中發現無任何進展，或在研發過程中遇到超出想像的困難，則應及時組織人員重新審視研發項目，重新確定其經濟性。若重新審視的結果爲不經濟，應立即停止撥款。

第 10 條　建立項目經費使用報告制度

每年年底，財務部應將本年度研發項目經費提取和使用情況向總經理彙報。

## 第 4 章

第 11 條　銷售部或研發部提出的研發項目課題

1.新產品開發項目一般由研發部填寫「新產品開發合約評審立項表」，分析該產品的經濟效益和發展前景。

2.技術部、生產部簽署初步意見後，按品質體系要求，組織合約(包括書面或口頭的)評審會，決定是否立項開發。

3.研發項目立項的同時作出研發經費預算，經批准後報財務部備案。

4.開發過程中的費用據實報銷，項目完成後結算，實際經費超過預算 10%以上的，必須補充報告說明原因。

第 12 條　技術部主動提出的技術革新和技術開發課題。

1.此類課題包括技術改進，設備改進，新材料、新技術的引進探索和試驗，自製設備設計試製等。

2.上述課題需要申請使用研發經費的，由技術部申請立項，填寫「技術革新和技術開發立項申請表」，說明改進或開發內容，提出詳細的工作計劃和經費預算。

3.「技術革新和技術開發立項申請表」經主管組織審核或直接批准後實施。

4.「技術革新和技術開發立項申請表」需交財務部備案，作爲研發經費列支的依據。

5.項目完成後結算，實際經費超過預算 10%以上的，必須補充報告，說明原因。

第 13 條　工廠在工作決策中認爲必須列入技術開發的項目。

工廠在工作決策中認爲必須列入技術開發的項目，可經過調查研究和充分協商後，由總經理臨時下達「技術開發項目工作令」，直接指定負責和參與人員，核定獎勵經費和其他經費。「技術開發項目工作令」需報財務部備案。

**第 5 章**

第 14 條　研發項目的獎勵與考核

1.研發項目的獎勵，事先應進行成果評價，填寫「研發成果評價表」，經批准後由財務部兌現。

2.工廠應按照研發經費的一定比例，對出成果比預定時間早，出成果時剩餘研發經費較多，採用新技術、節省大量研發經費的人員或項目組進行重獎。

3.人力資源部負責制定對研發部或研發項目組的考核指標，並提交研發委員會進行確認。

4.人力資源部制定的對研發部或研發項目組的考核指標，應將研發經費的控制情況與研發進度、研發階段成果等掛鈎，如階段研發成果佔總成果的比重、研發經費進度預算達成率等。

5.人力資源部應定期對研發部或研發項目組進行考核，對完不成考核指標的進行懲處。

第 15 條　技術資料費的歸口管理

1.技術資料費由研發部管理，由其根據需要不定期申請經費成批更新和添置技術圖書。

2.各部門技術人員因工作需要，也可臨時購置少量技術資料，交技術資料室歸檔後限期借閱，但需經研發部經理審核後方可在技術資料費中報銷。

3.技術人員要添置長期留用的工具書時，必須提出書面申請，經研發部經理簽字同意後方可購買報銷。

第 16 條　研發工具費用的控制

1.技術部與研發部應共同制定研發工具的使用規範，特別是對於高價值、高精度的研發工具，必須由達到操作要求的人員使用，避免因操作失誤造成研發工具的損壞，增加研發工具的使用成本。

2.研發部應指派專人對研發的工具進行保養，延長研發工具的使用壽命，提高研發工具的使用效率，降低研發工具的更新、修理費用。

3.人力資源部應將對研發工具的保養項目納入對研發人員的績效考核體系中。

第 17 條　合作開發項目的研發費用控制

對於涉及與大專院校、研究機構和國內外企業之間進行技術合作的開發項目，必須按《合約法》與對方簽訂技術合作開發合約，經總經理辦公會議研究批准後執行。實施中發生的費用由財務部嚴格按合約執行。

第 18 條　因研發而發生的其他費用

其他因產品研發或技術開發所發生的費用，有關單據由工廠的主管簽字後，直接在研發經費中列支，與其他費用界限不清時，由財務副總判定。

## 二、新產品試製費控制規定

第 1 條　目的

爲促進工廠的新產品開發工作，加快工廠調整產品結構的步伐，實現新產品研發試製工作的科學管理，特制定本規定。

第 2 條　適用範圍

本規定適用於本工廠新產品試製經費的使用與控制。

第 3 條　新產品試製經費

1.屬於集團公司下達的新產品研發項目，由上級單位按照有關規定撥給經費。

2.屬於工廠的新產品研發計劃項目，由工廠自籌資金按規定撥給經費。

3.工廠對外的技術轉讓費用可作爲新產品研發費用。

第 4 條　新產品試製計劃的制訂

1.新產品試製計劃實行集團公司、工廠、研發部三級管理。

2.工廠應根據集團公司的技術發展規劃，結合國內外市場需要及企業發展方向，每年編制本工廠的新產品試製計劃。

3.各工廠對新產品開發應建立廠長領導下的總工程師（或技術副總）負責制，對新產品的設計應採用國際標準或國外先進標準，積極採用現代設計方法並加強試驗研究、驗證技術和技術裝備，提高產品的可靠性。

4.集團公司應嚴格和完善新產品試製計劃的管理和考核辦法，並指導各工廠安排好新產品試製計劃。

5.集團公司在安排新產品試製計劃時，應優先安排具備下列條件之一的新產品。

⑴屬於國家重點建設項目、國家重點科技攻關和重大技術開發項目的有關產品。

⑵屬於高新技術附加價值高的產品。

⑶屬於出口創匯，替代進口或大量節約能源、材料的產品。

第 5 條　新產品試製計劃的審批

1.集團公司總工程師辦公室根據集團公司的發展規劃與計劃要求，結合各工廠提出的產品發展規劃和年度新產品試製計劃，審定並落實新產品試製計劃。

2.新產品試製計劃每年下達一次。

第 6 條　新產品試製成果的認定條件

新產品的試製成果必須經鑑定合格後方可視爲完成試製計劃，繼而認定試製成果。

第 7 條　新產品鑑定的過程控制

1.新產品鑑定應按照相關的科學技術成果鑑定辦法進行。

2.新產品在完成樣機試製、檢測試驗、工業性運行實驗並合格的基礎上，方可進行技術鑑定。

3.樣機鑑定合格且鑑定過程中發現的必須改進的技術問題已得到解決，並經負責組織樣機鑑定的部門審批後方能轉入小批試製或正式投產。

第 8 條　新產品樣機鑑定的條件

1.已進行性能測試和試驗並具有必要的工業運行報告(含現場試驗報告或用戶報告)。

2.具有完整的技術文件資料，包括計劃任務書，技術總結，成套設計圖紙技術條件及有關說明，必要的技術文件，標準化審查報告，產品技術經濟分析報告，試製總結，鑑定大綱等。

第 9 條　新產品批試鑑定(或生產定型)的條件

對於批量生產的新產品，在樣機試製鑑定後，應組織小批試生產並鑑定，以驗證技術規程、技術裝備、檢測方法等是否符合批量生產。這種批試鑑定(或生產定型)需具備三個條件。

1.通過樣機鑑定，且批量生產的產品，經測試、工業運行，達到原設計要求或合約要求，品質可靠。

2.具有滿足批量生產的技術設備、裝置和必要檢測的設備。

3.具備必要的技術文件，如技術總結報告，設計圖紙及產品說明書，樣機鑑定意見的修正報告，性能測試報告，標準化審查、品質分析報告，技術經濟分析報告，用戶試用報告等。

第 10 條　樣機鑑定與批試鑑定的取捨

1.新產品未經樣機鑑定，不得直接進入批試鑑定(或生產定型)。

2.對於專用性較強、市場需要量不大，且在技術、工裝等方面與原產品基本相似的產品，其樣機鑑定和批試鑑定可合併進行。

第 11 條　新產品試製經費的專款專用

1.新產品試製經費按單項預算撥給，單列帳戶，實行專款專用。

2.費用經總工程師審查，廠長批准後，由研發部掌握、財務部監督，不准挪作他用。

第 12 條　新產品試製經費的使用程序

對於新產品試製經費，應嚴格按其發生情況實行經費申請、分配、下達、檢查等程序，財務部負責經費的申請受理、撥付、使用監督與費用核算工作。

心得欄

# 第 3 章

# 控制內部、外部的損失

## 第一節　內部損失的浪費，須加以控制

### 一、品質事故處理費控制方案

#### （一）品質事故處理費的含義

品質事故處理費是指對已發生的品質事故進行分析處理所發生的各種費用，具體包括事故處理人員人工費、辦公費、會議費、不良品實驗鑑定費、品質人員與銷售人員或原材料供應商聯絡的通信費、赴供應商處考察的差旅費等。

#### （二）品質事故處理費的責任部門

根據工廠內品質事故的發生來源來看，產生和控制品質事故處理費的主要責任部門有研發部、生產部、質量管理部。

### （三）品質事故處理費的控制措施

1.研發部、生產部的控制措施研發部、生產部是發生設計、生產類品質事故的主要責任單位，應主動配合事故處理人員分析、調查事故發生的原因，並提出相應的改善對策，同時對事故的處理結論進行追蹤和存檔，並將重大事故作爲培訓案例通報整個部門，以達到避免同類品質事故再次發生、減少品質事故處理費的目的。

2.質量管理部的採購質量管理人員

質量管理部的採購質量管理人員是處理原材料品質異常的主要責任人員，其主要職責如下。

⑴負責與原材料供應商進行及時溝通，要求其做出快速有效的處理和改善，以控制工廠品質事故處理費的擴大和蔓延。

⑵有責任配合事故處理人員的事故處理進度，督促供應商限期整改。

⑶有責任與採購部一起對供應商進行評價或更換，監督供應商來料品質，以避免同類事故再次發生，減少未來的品質事故處理費。

3.質量管理部的品質事故處理中心

品質事故處理中心隸屬於質量管理部門，其主要職責是組織相關部門分析事故原因和確定改善對策，保證事故得到妥善、快速解決，對品質事故處理費的控制負有主要責任。

爲減少品質事故處理費的發生，預防同類事故再發，品質事故處理中心需要做好以下兩點。

⑴設立事故處理責任制和關鍵業績指標(KPI)，對事故處理的時間進度、回饋、結案率等做出嚴格要求，減少品質事故拖延的

時間和為相關單位帶來的處理成本。

⑵對品質事故進行詳細記錄和統一存檔，為產品和生產部的決策人員提供信息，以便對頻繁發生品質事故的產品系列或生產線、生產技術、原材料等進行改善或轉換，提高產品品質，將品質事故處理費控制在較低水準。

## 二、廢品損失費控制規定

第 1 條　目的

為降低生產和週轉中的產品損耗，有效控制廢品損失費，在提高工廠品質水準的同時提升工廠的經濟效益，特制定本規定。

第 2 條　廢品損失費的定義

廢品損失費主要包括兩部份費用。

1.因產成品、半成品、在製品達不到品質要求，且無法修復或在經濟上不值得修復以致報廢所產生的損失費用。

2.外購元器件、零件、原材料在採購、運輸、倉儲、篩選等過程中因品質問題而導致的損失費用。

第 3 條　建立健全報廢流程與審批制度

1.建立健全工廠的報廢流程及報廢審批制度，防範和監督不合理的報廢行為而產生的廢品損失費。工廠各種物資的報廢均需嚴格執行以下流程。

**圖 3-1-1 待報廢品審批鑑定流程**

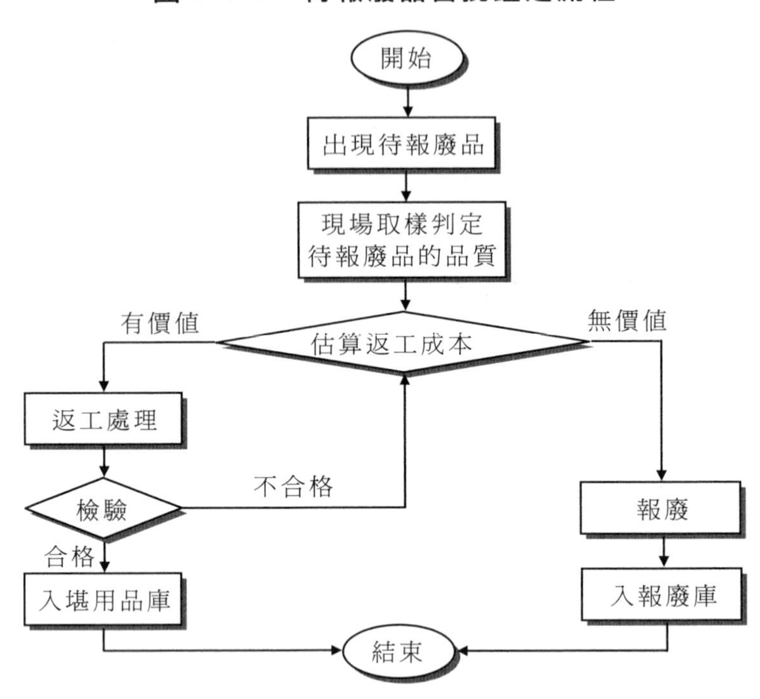


2.對有品質問題的產品設置堪用品庫，對可以維修並且有維修價值的產品進行單獨管理，以備後續使用。

第 4 條　瞭解廢品損失形成的原因

產品在生產、儲存、週轉運輸的過程中，由於人、機、料、法、環等因素造成的報廢，具體原因包括但不限於以下八個方面。

1.操作人員的品質意識和技能水準不足形成廢品。

2.機器設備或技術裝備不合格，形成廢品。

3.原材料或輔助材料、燃料等不符合相關標準，形成廢品。

4.生產作業指導書發生錯誤或不明確，形成廢品。

5.產品週轉過程中由於防護措施不當，形成廢品。

6.生產或儲存的環境與產品要求不符，形成廢品。

7.生產線爲追趕生產進度而忽略品質標準，形成廢品。

8.單次採購原物料的數量過大，與實際使用情況產生較大差距，原產線停產、轉產造成較多原物料喪失使用價值，形成廢品。

第 5 條　合理採購原輔材料，控制物資的庫存量。

針對原輔材料採購過多的情況，生產部、倉儲部和採購部應注意以下兩點，使原輔材料得到充分利用的同時降低廢品損失費。

1.下達採購通知單的生產部或倉儲部應以滿足預期內的工單產量和安全庫存爲目標，以節約庫存成本和避免報廢損失爲原則，合理申報缺料的採購數量。

2.採購部實際執行採購時，應以生產部或倉儲部提報的缺料數量爲主要依據，適當結合供應商的供應政策進行採購，在節約採購成本的同時注意防範報廢風險。

第 6 條　加強開工前的檢驗檢查

加強開工前的檢驗檢查，提高產品合格率，減少生產過程中的廢品損失。其具體內容有以下幾點。

1.生產前對機器設備進行調試及維護保養。

2.對進廠原物料進行嚴格把關(尤其對亟待上線投產的特採原材料報各相關部門進行審批)。

3.對生產工序和生產過程，特別是關鍵工序和特殊過程，要進行嚴格的開工前檢查，保證生產過程的人、機、料、法、環等生產條件符合技術規程規定的要求。

4.完善作業指導書、作業注意事項等文件資料。

5.改善技術裝備，設定合理的環境溫濕度並進行嚴格管控。

第 7 條　加強人員培訓工作

對人員進行培訓，保證人員具備操作資格和品質意識，業務技術水準和操作技能可以滿足規定的要求。

第 8 條　加強生產過程的測量統計與改進

1.採用合適的統計技術和方法，對過程的異常實施重點控制。

2.對過程的工序能力進行測量和改進，保證工序能力可以滿足技術要求。

第 9 條　本規定由品管部提出，財務部負責制定、修訂與解釋工作。

## 三、返工返修費管理規定

### 第 1 章　總則

第 1 條　目的

爲從源頭上做好返工返修作業的控制工作，最大程度地預防返工返修費的發生，保證工廠的經濟效益，特制定本規定。

第 2 條　返工返修費的含義

返工返修費是指爲修復不合格產品、半成品、在製品並使之達到品質要求所支付的費用。

**圖 3-1-2　返工返修的具體構成**

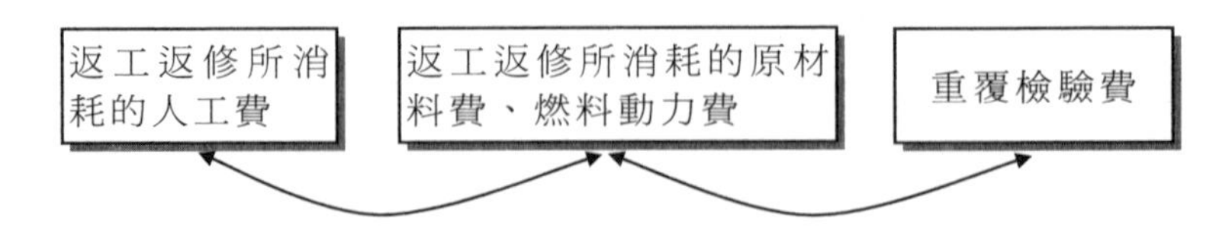


### 第 2 章　返工返修費管理規劃

第 3 條　返工返修費控制責任部門

產品研發部、生產部及各級生產單位、技術部、質量管理部、倉儲部等都可能是控制返工返修費的責任部門。

第 4 條　掌握產生返工返修費的來源

爲更好地控制返工返修，應從追溯根源做起，返工返修費的主要來源有以下五個方面。

1.量產後才暴露出產品設計存在的缺陷而達不到客戶要求，或新材料、新技術與其他生產條件相衝突而形成的批量性返工、返修。

2.發現生產線或原材料導致的批量性品質異常後，對當批或前一批產品進行全部返工、返修。

3.週轉過程中對產品防護不當而對受損產品進行的返修。

4.不適當的儲存環境導致產品品質達不到原有的品質要求而必須進行的返工返修。

5.可接受水準內的人爲差錯、材料品質異常、設備出錯導致對個別產品進行的返工返修。

## 第 3 章　返工返修費控制辦法

第 5 條　對試產流程進行全方位監控

新產品通過設計驗證之後、量產之前，工廠應組織專門人員對試產流程進行全方位監控，全程探查和記錄不良產品的相關信息，產品設計以及操作人員，機器設備和技術裝備，原材料、作業指導書、生產環境等多個環節進行不良原因分析，儘量使產品的所有缺陷在批量生產前就暴露出來，減少量產後發生大量產品返工返修的可能性。

第 6 條　改善產品防護措施和產品儲存環境

改善產品防護措施和產品儲存環境，減少此類因可改善的差錯而導致損失的可能性。

**圖 3-1-3 返工返修作業流程圖**

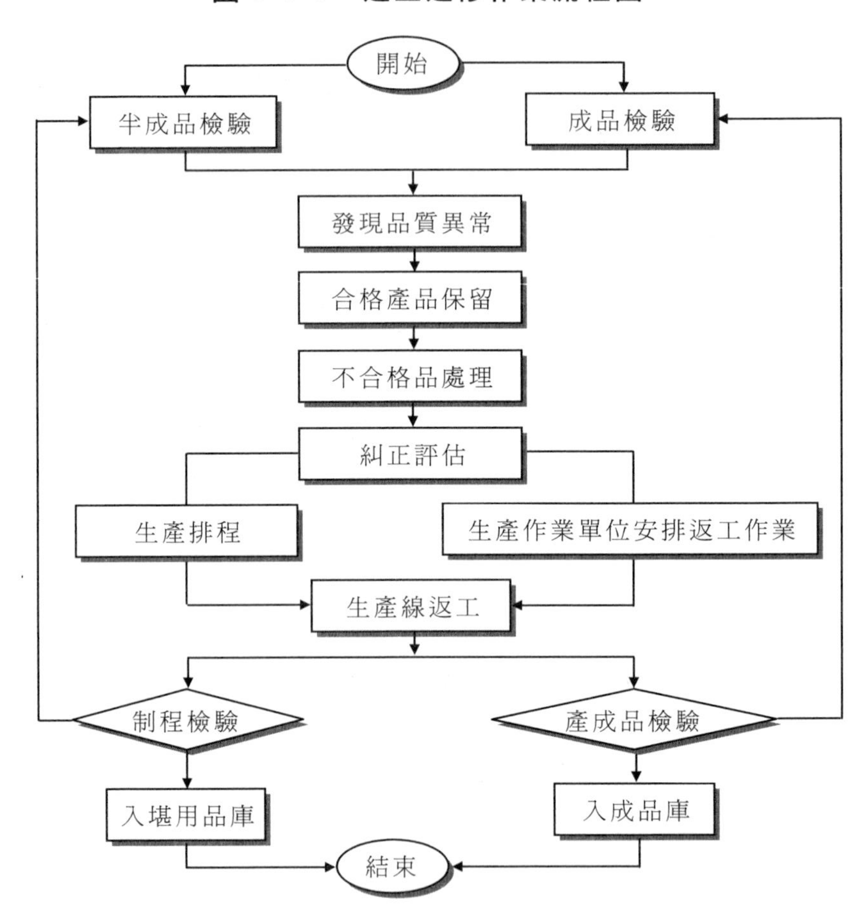


第 7 條　嚴格執行生產自檢和制程檢驗規定

生產部和質量管理部應嚴格執行生產自檢和制程檢驗的規定，一旦發現產線或原材料導致的批量性品質異常，應做出及時處理，包括管控不良材料，立即換線作業，區分和隔離不良品，及時追溯前批存在品質風險的產品等，防止不良產品繼續增加，同時縮小產生返工返修費的範圍。

第 8 條　及時記錄品質異常並進行分析

生產部應對通常情況下維持在一定可接受範圍內的人爲差錯、材料品質問題、設備出錯導致的產品異常及時記錄和定期整理，這有助於及早發現大規模品質問題，從而降低出現大批量返工返修費的可能性。

第 9 條　建立規範的返工返修作業流程

工廠對生產線因品質問題而進行的返工返修作業應執行統一的流程，並運用「返工返修報告單」統計返工返修費的各項支出。

心得欄 ------------------------------

# 第二節　外部損失的成本控制

## 一、品質索賠費控制方案

### （一）品質索賠費的含義

品質索賠費是指產品出廠後，因品質未達到標準，對客戶的生產、生活、人身造成傷害或不良影響，而對客戶提出的申訴進行賠償、處理所支付的費用，包括支付客戶的賠償金，上交相關機構的罰金、索賠處理費以及應訴所發生的差旅費、訴訟費等。

### （二）品質索賠費的特點與分類

按照品質索賠費的常見形態，以下三類需要特別關注。

1.由於原材料品質異常導致的品質索賠費。

2.與客戶存在爭議的品質索賠費。

3.已經或將會產生較大社會影響的品質索賠案件形成的品質索賠費。

### （三）品質索賠費的控制措施

#### ⑴制定供應商產品品質索賠辦法

爲加強對供應商產品品質的有效控制，轉移原材料品質索賠費用，維護公司的經濟利益，對於出現不按標準、技術協定、產品圖紙生產加工導致出現原材料品質問題，進而影響企業外部品質信譽的供應商，企業按規定的追溯索賠辦法實施品質索賠。

⑵**通過法律途徑去積極應對爭議性問題**

對於與客戶存在爭議的品質問題及客戶索賠案，企業應通過法律途徑合理、合法地維護企業的正當利益和聲譽，而不能採用無視客戶抱怨或者拒絕與相關方進行合作調查的消極態度來面對。

⑶**積極應對，縮小不良影響的範圍**

對於經過確認產品因品質問題已經給客戶造成較大損失的事件，企業必須面對現實，積極地實施應對措施，防止事態擴大而給企業聲譽帶來不良影響。

①實施短期對策，對庫存、在制、在途、上架的不良產品進行封存或撤回。

②積極面對外部媒體，承認工作失誤，對給客戶帶來的不便和造成的損失表示歉意。

③應對相關法律訴訟，對客戶損失進行合理賠償，以贏得客戶的理解和原諒。

④分析造成品質異常的主要原因並對外公佈，提出長期的改善對策並付諸實施，以安撫客戶。

## 二、保修費用控制辦法

### 第 1 章　總則

第 1 條　目的

爲在向用戶提供優質的售後服務、提升保修服務品質的基礎上控制保修費用的不合理增長，根據工廠售後服務管理規定，特制定本辦法。

第 2 條　保修費的含義

保修費是指根據保修合約的規定或於保修期內，爲用戶提供修理服務或糾正非投訴範圍的故障和缺陷等所支付的費用，具體包括產品保修過程中產生的更換零件成本、器材費、工具費、運輸費，售後服務機構的運營費用以及維修人員的工資、福利費、差旅費、辦公費、勞保費等。

第 3 條　保修費的職能部門

售後服務部門是保修費用控制的主要責任部門。

## 第 2 章　保修費用的事前控制

第 4 條　售後服務部門需事先制定保修服務的工作標準、制度和規定，使保修服務工作的開展有章可循，既要讓顧客滿意，又要避免非約定保修產生的額外費用。

第 5 條　售後服務部門應對維修人員進行培訓，使之具有從事售後服務的業務素質和技術水準，既防止不合理的二次維修費發生，又防止因服務不到位而引起用戶不滿，甚至造成退貨、換貨、訴訟和索賠的發生。

第 6 條　售後服務部門應主動爲用戶提供技術諮詢或日常維修保養的知識，實現銷售後，要及時爲用戶做好產品的防護性維修，降低產品不合理使用的風險，提高用戶對產品和服務的滿意程度，減少不必要的保修工作和費用。

第 7 條　合理配置資源，節約保修費用。

1.應合理佈置服務網點，既滿足顧客對服務時間的要求，又可以減少保修費用的支出。

2.規定上門服務的範圍和條件，對路途較遠的保修服務可向顧客適當收取交通補償費並提前告知。

### 第 3 章　保修費用的事後控制

第 8 條　保修業務發生時，責任維修人員應及時填制「產品保修費用報告單」(如下表所示)，交相關批准、有關部門負責人會簽，並於保修任務完成以後，將保修費用的發生情況向財務部門報告。

**表 3-2-1　產品保修費用報告單**

填報部門：　　　　　　　　　　　　日期：___年__月__日

<table>
<tr><td>產品型號<br>(編號)</td><td>保修數量<br>(台)</td><td>差旅費<br>(元)</td><td>人工費<br>(元)</td><td>零件材料<br>費(元)</td><td>工具設備<br>費(元)</td><td>其他費用<br>(元)</td><td>合計<br>(元)</td></tr>
<tr><td></td><td></td><td></td><td></td><td></td><td></td><td></td><td></td></tr>
<tr><td></td><td colspan="3" rowspan="3"></td><td colspan="2">維修人員簽字</td><td colspan="2"></td></tr>
<tr><td rowspan="2">保修說明</td><td colspan="2">主管意見</td><td colspan="2"></td></tr>
<tr><td colspan="2">用戶簽字</td><td colspan="2"></td></tr>
<tr><td></td><td colspan="2">廠長</td><td colspan="3">總經濟師</td><td colspan="2">財務部門</td></tr>
<tr><td>會簽</td><td colspan="2"></td><td colspan="3"></td><td colspan="2"></td></tr>
</table>

第 9 條　售後服務部門應將經常出現的、懷疑爲批量性異常的不良產品信息回饋給生產和品質部門。這不僅可以幫助生產部、質量管理部及時發現、分析出現的品質問題，還可以預防未來出現更多的維修需求，從而達到節約保修費用的目的。

## 三、退貨損失費控制方案

### (一) 退貨損失費的含義

退貨損失是指產品交付後，由於品質問題、替代品競爭、客戶自身原因等造成客戶退貨、換貨而給工廠造成的收入損失及所支付的全部費用。

圖 3-2-1 退貨損失費的具體表現形式

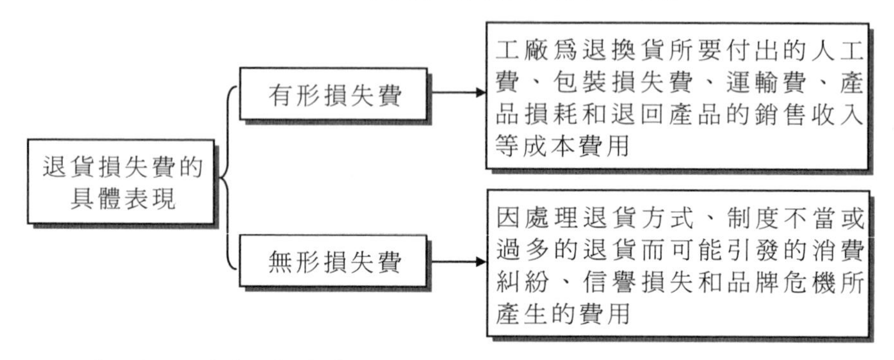


**（二）退貨損失的來源**

工廠可控的退貨損失主要有以下三種。

1.不符合品質標準的產品在生產環節未被發現，售出後被客戶退回。

2.產品因批量性品質問題被退貨後，同批產品的銷售未能及時中止，而導致更多不良品的銷售和退貨。

3.工廠不合理的退貨制度或售後服務不佳導致更大退貨。

**（三）退貨損失費的控制措施**

根據上述分析，工廠應從以下三種控制措施入手，逐步減少和控制退貨損失。

1.加強檢驗，防止不良品外流

產品品質的優劣從一定程度上直接決定了產品退貨比例的高低。退貨作業的主要預防措施是加強檢驗、把好產品品質關，即在生產、進貨、銷售、儲存等過程中進行及時、有效的檢驗，確保在產品未進入流通前能發現產品的品質缺陷，減少退貨的可能。

2.及時回應，防止更多退貨

銷售部和品質事故處理部應建立標準的品質問題處理流程。

**圖 3-2-2　產品品質問題處理流程**

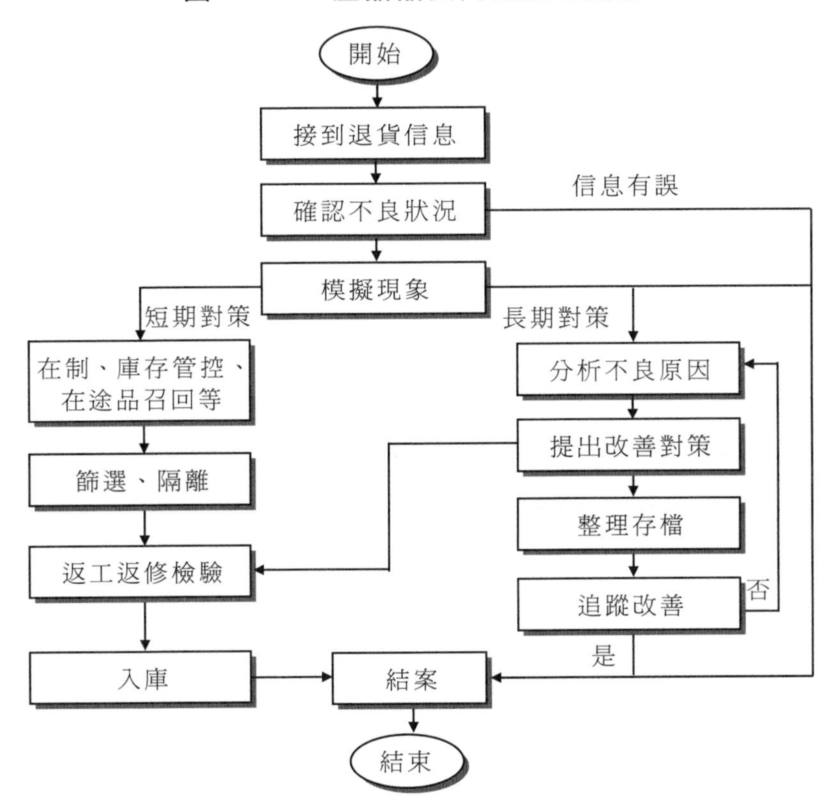


對於確定或者懷疑是因批量性品質問題而導致客戶抱怨、退貨等事故，且仍有存貨或處於運輸途中的產品，及時實施停止出貨或召回等應急措施，防止由於更多不良品銷售到客戶手中而帶來更大的損失。

3.建立合理高效的退貨管理制度

工廠應積極主動地面對退貨管理，通過制定簡捷易行、合理高效的退貨管理制度，就退貨條件、退貨手續、退貨價格、退貨比率、退貨費用分攤、退貨貨款回收等問題以及違約責任、合約變更與解除條件等相關事宜事先與客戶、經銷商達成一致，在出現問題時對客戶的退貨做出快速反應，這將有助於提升產品在客戶心目中的形象，降低退貨管理成本、減少已發生的和未來的退貨損失。

心得欄

# 第 4 章

# 減少人工成本的浪費

## 第一節　人工成本控制的核心

人們常說「以人爲本」，人才是企業最核心的要素，是企業最活躍的生產力要素，所以人工成本成了企業生產成本控制的核心。

人工成本控制是有章可循的。只要掌握了方法，在生產成本中，人工成本就是最可控制、最具彈性的部份，也是在成本節約方法中最能夠達到立竿見影的效果的部份。

培訓是人才素質提升的根本，標準化讓產品生產效率大幅度提升，而優良的績效考核可以加倍激勵員工的工作激情。

### 一、人員要推行標準作業程序

#### （一）認識標準作業程序

任何一家企業，都會有自己的政策、標準。其實，有一套制度、規章、做事的程序，統統叫做標準。而我們通常所說的標準化，是指在一定的範圍內獲得最佳秩序，對實際的或潛在的問題制定共同的和重覆使用的規則的活動。實施標準化的目的是通過制定、發佈和實施標準，達到統一，從而獲得最佳秩序和社會效益。標準化是生產成本控制的有效武器，因此對企業來說，進行標準作業培訓是非常有必要的。

當然，標準作業並不適用於所有的工作。它主要適用於作業內容明確、可以重覆的工作，而不適用於零碎的、單項的、機動性強的工作。企業通常需要進行重覆性的批量生產，這就有必要強調標準作業、標準作業程序，以及標準作業程序培訓。

標準作業程序(Standard Operation Procedure，SOP)，是將某一事件的標準操作步驟和要求以統一的格式描述出來，用來指導和規範日常的工作。SOP 的精髓就是將細節進行量化，即對某一程序中的關鍵控制點進行細化和量化。

這裏需要明確的是，並不是隨便寫出來的操作程序都可以稱做標準作業程序。標準作業程序一定是經過不斷實踐總結出來的、在當前條件下可以實現的最優化的操作程序。如果每名員工都按照這種最優的程序進行作業，企業的生產就會更規範，產品品質也會得到保障。

## （二）編制標準作業指導書

在進行標準作業程序培訓之前，必須有一個可以參照執行的工具，那就是標準作業指導書。標準作業指導書要求體現出最優化，即方法必須是最佳的，效率、安全、品質、成本都是最優的。當然，標準作業是一個持續改進的過程，需要不斷根據生產實際進行調整和優化。對企業來說實行標準作業、推行標準作業指導書，可以獲得 7 種好處：

⑴員工嚴格按照預定的流程操作；

⑵員工通過看標準作業指導書，並接受簡單的培訓，就可以操作；

⑶爲企業的穩定發展提供保障；

⑷員工參與編制標準作業指導書，充分發揮每名員工的聰明才智；

⑸爲產品品質提供保障；

⑹爲公司帶來更大潛在的收益；

⑺避免因人才流動而導致生產的不穩定。

編制標準作業指導書，要求簡單易懂，容易上手；要求全員參與，包括一線員工都可以提出自己的意見，以便使標準作業指導書更完善。事實上，正確的材料、正確的流程才能生產出合格的產品，因此實行標準作業，可以保證產品加工過程的穩定，減少產生錯誤的機會，從而保證產品品質的穩定性。

爲了起到規範作用，標準作業指導書中應至少包括表 4-1-1 中的內容。

另外，關於標準作業指導書，一定要摒除以下幾種錯誤認識。

⑴標準作業指導書就是純粹的操作流程。標準作業指導書除了操作流程，還包括更重要的內容，如作業的要求、產品接收與判定的準則等。另外，標準作業指導書也需要操作人員參與，他們可對修改、糾正和預防措施的制定等提出自己的意見，這樣也激發了他們的創造性和工作積極性。

表 4-1-1　標準作業指導書的內容

| 內容 | 說明 |
|---|---|
| 動作內容 | 包括拿取物料、步行過程、操作過程、品質檢查等每一個細節，並且要量化每一個細節 |
| 所需時間 | 每一個具體動作過程從開始到結束所需的時間，包括步行時間、拿取工具/物料時間、操作時間、放工具時間等 |
| 品質要求 | 標準作業指導書必須包括每一工序中產品的品質標準，品質標準要求詳細、具體，方便員工理解、識別並運用 |
| 品質檢查 | 品質檢查的目的是不接受、不製造、不傳遞缺陷 |
| 物料描述 | 每一種物料都要進行詳細的描述，包括物料的詳細信息，如數量、大小、型號、料架產地等 |
| 工具描述 | 包括使用工具(設備)的名稱、使用方法、注意事項等 |
| 動作位置圖示 | 對每一個增值的操作，應該用圖示的方法標識操作位置，避免出現誤操作 |
| 審批權限 | 所有的標準作業指導書必須由有審批權限的人員進行審批，以保證文件的受控 |

(2)工作標準就是標準作業指導書。事實上，工作標準不同於標準作業指導書，它是針對工作的責任、權利、範圍、品質要求、程序、效果、檢查方法、考核與獎懲辦法等方面所制定的標準。並不是所有的標準作業指導書都需要規定責任、權利、考核與獎懲等內容，而且標準作業指導書應有的條件和標準在工作標準中不一定有。

(3)標準作業指導書的數量越多越好或越少越好。標準作業指導書是為了滿足企業生產與發展的需要，數量適宜即可。標準作業指導書太多，會讓員工們疲於應付文件管理；太少，又會使許多重要的細節凸顯不出來，影響企業的生產。

### （三）推行標準作業程序的原則

標準作業程序對企業的作用是巨大的，企業推行標準作業程序的目的是提升企業運行的效率。

由於企業許多崗位的員工經常會發生變動，而且不同的人由於不同的經歷、性格、能力和經驗，做事情的方式和步驟、對待工作的態度等各不相同。這就需要通過標準作業程序對工作進行細化、量化、優化，使經歷、學識、能力、經驗各不相同的人可以規範地做相同的工作，從而提高企業的運行效率。同時，由於標準作業程序本身也是在實踐操作中不斷總結、優化和完善的產物，相對比較優化，因此，能提高其相應的工作效率，進而提高企業整體的運行效率。

另外，標準作業程序通過對每個作業程序的控制點操作的優化，使每位員工都可以按照標準作業程序的相關規定工作，從而使出現失誤的機會大大減少。即使出現失誤，也可以很快地通過標準作業程序發現問題並加以改進。正是因爲如此，標準作業程序保證了企業日常工作的連續性和相關知識的積累，無形中爲企業節約了大量的管理成本。一般來說，在現實中，企業在推行標準作業程序時，除了從自己企業的實際情況出發外，還要把握 3 個原則。

#### 1. 推行力度一定要大

任何一個新規定、新制度的出臺，都可能伴隨著不理解的聲音。因爲制度不能滿足每個人的要求。事實上，制度也不是因人而定的，而是制定出來讓人去習慣的。原來一些員工習慣於某些工作方式，如懶散、偷工減料，一旦標準化後，一切都嚴格起來，必須按規定去做，否則視爲工作無效。這時，一些人會站出來質疑，一些人會陽奉陰違，而新員工則會受過去工作習慣的影響。

其實，經過一段時間，員工們會慢慢習慣。另外，企業還要加大培訓力度，因爲持續培訓也是一個非常有效的方法。當標準化成爲習慣，所有的問題都不再是問題了。經過 21 天或 21 次堅持,所有的新習慣都得以重塑,這是經過科學實驗得出的結論,「影響力黃金表」就是這樣一個習慣塑造的有效工具。

**2.監督力度一定要跟上**

在剛開始推行標準作業程序時，一切都要嚴格要求，即嚴格要求員工按照標準作業程序工作。如果在推行標準作業程序一段時間後，員工發現企業高層不重視而且很少親自監督，檢查也慢慢沒有了，員工就會漸漸地回到原來的軌道上。這就會讓標準作業程序流於形式。

因此，在推行標準作業程序時，企業高層必須十分重視，需要親自監督，要求全員參與，要求各級分層檢查，並且對員工進行重覆培訓，直到標準化深入每位員工的心中，讓進行標準作業成爲習慣。

**3.持續改進標準作業程序，標準作業指導書的更新不宜太快或太慢**

標準作業是個持續改進的過程，標準作業指導書也要隨著標準的變化而變化。但這裏就會出現問題，如果持續改進得太頻繁，標準作業指導書變化得太快，員工還沒習慣，就又按新的規定去做了。如果長此下去，員工可能會失去耐心，甚至不知道究竟那些才是標準。這好比「手錶定律」，標準太多了，就沒有標準了。

而如果生產技術改進了，標準也變了，而標準作業指導書遲遲沒有更新。這樣的結果會培養出一大批遵守舊的規章、標準的員工，如果再次更正，又會浪費大量的人力成本。一位年輕有爲的炮兵軍官上任伊始，到下屬部隊視察操練情況。他在幾個部隊都發現了相同的情況：在一個單位操練中，總有一名士兵自始至終站在大炮的炮管下面，紋絲不動。軍官不解，詢問原因，得到的答案是：操練條例就是這樣要求的。

軍官回去後反覆查閱軍事文獻，終於發現，長期以來，炮兵的操練條例仍遵循非機械化時代的規則。過去，大炮是由馬車運載到前線的，站在炮管下的士兵的任務是負責拉住馬的韁繩，以便在大炮發射後調整由於後坐力產生的距離偏差，減少再次瞄準所需的時間。現在大炮的自動化和機械化程度很高，已經不再需要這樣一個角色，而馬車拉炮也早就不存在了，但操練條例沒有及時調整，因此才出現了「不拉馬的士兵」。軍官的發現使他獲得了上級的嘉獎。

這個故事告訴我們，制度更新必須跟得上變化。而對企業而言，標準作業指導書的變更也不能太遲，必須隨著企業戰略的調整而變化，隨著生產技術的改進而更新。

## 二、使員工接受系統培訓

培訓是企業最好的投資，標準化培訓更是員工成長和企業發展的重要手段。企業只有不斷對員工進行培訓，才能使每名員工通過全面素質的提升爲企業創造更大的價值，進而使企業贏得市場，在競爭中立於不敗之地。標準化培訓要求針對企業的特點，制定新員工人職培訓、現場培訓、新項目接入培訓、針對客戶新服務需求培訓、處理客戶投訴培訓、培訓管理、培訓控制等員工培訓制度。

### （一）員工培訓的兩種方式

對員工的培訓分爲在職培訓(On the Job Training，OJT)與職外培訓(Off the Job Training，OFF-JT)兩種。在生產現場進行的培訓是 OJT,這是最主要的方式；而 OFF-JT，即離開生產現場的培訓，主要是採取集中起來的以教育研修的形式進行的培訓。這兩種培訓方式通常會被結合起來使用。

1. OJT

在生產現場對現場員工最有影響力的是生產主管。生產現場發生問題時，如果生產主管不去處理，那麼等待解決的問題只會越來越多。而且，生產現場的業績是生產主管及其員工工作的總和，所以對員工的教育和培養是生產主管的重要工作之一，尤其是採用 OJT 的方式。

OJT 是生產企業最重要的培訓方式，主要採取的手段有生產主管或有經驗者指導、擔任職務的工作分派、部門間的工作輪崗、部門外的工作輪崗、關聯企業的派遣輪崗、企業內的學習、部門內的學習等。OJT 發生在實際的生產現場或與工作環境相近的地點，快捷方便，非常直觀，易於理解，與工作齊頭並進。

OJT 一般首先將工作分類，擬訂培訓大綱，準備培訓設備和材料，確認員工已有的經驗和知識、技能，說明示範，以一次一個步驟的進行爲原則，強調培訓的重點，讓員工在現場進行實際操作，在實際操作中發現並改正錯誤。

海爾的即時培訓已受到許多企業歡迎，其培訓原則是幹什麼學什麼、缺什麼補什麼、急用先學、立竿見影。這種即時實戰化技能培訓是海爾培訓的重點，也是海爾培訓的最大特色。

海爾的即時培訓的重點就是利用在實際工作中隨時出現的案例，如一名員工在操作中出現了問題或因某種改進而提升了效率等，在當日利用班會後的時間立即在現場進行培訓，分享其中的經驗與教訓，並以此統一員工的動作、觀念、技能，然後利用現場看板的形式在區域內進行培訓學習。另外，海爾還利用每月的8日會、每天的日清會及專業例會等各種形式對員工進行培訓。

2. OFF-JT

OFF-JT是根據企業發展的需要而進行的，主要採取的手段有企業外的學習，到國內外科研單位、學校進修，廠商代訓，利用政府或相關組織舉辦學習機會，利用培訓機構或公司舉辦的學習機會等。

另外，企業應增強員工的自我學習意識。其實，再好的培訓，如果員工不學習，也收不到任何效果。由於企業組織的培訓往往都是有重點、有目的的開展的，對於一些不是非常重要和迫切的培訓不能立即進行，這就需要鼓勵員工自我學習、自我教育，促進員工從「要我培訓」到「我要培訓」轉變。

### （二）員工培訓的步驟

#### 1.制定合適的培訓計劃

當企業發生以下變化時，需要考慮對員工進行培訓：

⑴引進新設備、新技術；

⑵大量新鮮血液的加入；

⑶企業重組；

⑷生產的要求發生了很大的變化；

⑸客戶的要求發生了很大的變化。而這時候應該有相應的培訓計劃，考慮那些員工參加那一類型的課程，合理統籌培訓時間。

**2.確定培訓內容**

培訓內容包括培訓的課題、目的、內容、對象、形式；培訓的講師；培訓的地點、時間等。

**3.選擇合適的培訓方法**

企業培訓常用的方法有很多種，如表 4-1-2 所示。

**表 4-1-2 企業常見的培訓方法**

| 培訓方法 | 適用範圍 | 優點 | 缺點 |
|---|---|---|---|
| 口頭培訓 | 比較簡單的技術 | 快捷，方便 | 易忘，不好掌握 |
| 座談培訓 | 專業性較強，不易理解的知識 | 加深理解，強化記憶 | 需要大量時間和金錢 |
| 網路培訓 | 科技含量較高的領域 | 快捷，方便，易理解 | 無法普及 |
| 實操培訓 | 技術方面 | 易理解 | 需要時間，不全面 |
| 影像培訓 | 現場管理 | 易理解 | 易忘，人多時效果較差 |
| 外部觀摩 | 新技術、管理應用 | 快速提高水準 | 需要大量時間和金錢 |

**4.明確培訓要求**

無論採取那種培訓方法，都要按照培訓要求去做。

對於企業內部培訓，要求必須有明確的培訓目的、靈活的培訓方法，使受訓人員可以輕鬆地理解與記憶，培訓人員的授課方式應靈活多變。

對於企業外部培訓，要求培訓內容切實可用，培訓方式易於學習、理解、記憶，培訓內容適合受訓人員。

對於一些特殊工種的培訓，需要經過國家有關部門的專業培訓。生產企業常見的特殊工種有搬運貨物的堆高車工、電工、開電梯工、電焊工、鍋爐操作工等。

**5.選擇恰當的培訓方式**

企業根據不同員工的性質，需要選擇不同的培訓方式。

**表 4-1-3　企業的培訓方式**

| 培訓方式 | 適用範圍 | 培訓人員 | 培訓內容 |
|---|---|---|---|
| 職前培訓 | 新入職人員 | 人力資源部門 | 企業情況，企業規章制度，產品特徵，生產常識，行爲規範，職業道德等 |
| 崗前培訓 | 步入新崗位人員 | 所在部門 | 部門特性、運作流程，崗位職責，作業及技能知識，文件資料的使用和控制，與其他部門的溝通等 |
| 崗位培訓 | 在崗人員 | 部門主管（或班組長） | 作業常識，新產品知識、品質要求，工具/設備的使用，5S 知識等 |
| 轉崗培訓 | 轉調新崗人員 | 新部門主管 | 新崗位的要求，新部門特性，新產品的品質、工序、技術要求，新工具/設備的使用，安全操作規定等 |

**6.培訓考核**

參加任何一次培訓，都要進行考核，以確定收到一定的效果。對於企業內部受訓人員，可採用口頭詢問、書面筆試、現場操作等考核方式，如果考核不合格，可以考慮再培訓、降級、調崗、辭退等方式。對於企業外部受訓人員，可進行適當的考核，同時要求受訓人員將培訓體會、學習心得等與企業分享。

# 第二節　消除人力資源浪費

## 一、推行員工自主化管理，減少管理成本

讓員工自己管理自己，將管理者從日常事務中解放出來，去做更重要的事。同時，員工在自主管理的過程中，會不斷證明自己的價值，進而為企業創造更多的利潤。

相當一些企業都在強調管理者對員工工作的有效控制，這樣做極大地提高了員工的工作效率，但同時忽略了員工的感受和創造力，並且需要耗費管理者大量的時間、精力才能達到預期效果。

自主化管理能夠減少這種強制性管理模式帶來的管理成本損耗。自主化管理就是企業有限度地把監督、管理的權限下放給員工，讓員工自主管理。

自主管理不是強制管理，也不是自由管理。它是把以往的監督命令變為員工的自覺認識和自覺執行的過程，這不僅是一個減少管理成本的過程，也是一個創造人力價值的過程。

自主管理活動必須堅持循序漸進、持續提升的原則，培養員工對管理的自主性。一般說來，提高員工的自主性需要經歷三個基本歷程，如表 4-2-1 所示。

**表 4-2-1　培養員工自主管理的步驟**

| 流程 | 執行部門 | 說明 |
| --- | --- | --- |
| 制定政策 | 人力資源部 | 制定一些可行的相關政策來培養員工的自主能力。例如：問題票活動。對這些活動員工可能會因不理解或感覺不必要而產生抵觸心理，所以該階段要使用必要的強制性手段 |
| 行事化 | 全體員工 | 行事化就是培養自助行事的習慣，這是一個漫長而又重要的過程。例如：如果每週三的下午 4 時有問題票活動，那麼就要堅持每週都進行，使員工不再抵觸這些活動，而逐漸將之培養爲自己的習慣 |
| 形成標準 | 全體員工 | 當行事化在逐漸實行的過程中，慢慢成爲全體員工的習慣時，自然而然這些習慣就成爲一種標準、一種準則。例如：若長時間堅持實行問題票活動，久而久之，必定形成一個在每週的那個時間舉行問題票活動的習慣，成爲本企業的一條準則 |

實行自主管理需要完整的體系和一定的技巧，並且在實行的過程中需要堅持不懈，不斷創新。

1. **授權給員工**

將企業的管理工作授權到一線員工的手中，能夠使主管把精力放到決策和運營的事務上來，同時也能激發員工的工作積極性。實現授權可從以下幾方面做起：

(1) 標準的授權。把例行事務、日常事項制定成標準作業程序，這樣員工就可以依照標準執行，管理者也不必時刻督促、指導。這些事項應佔企業正常運營事項的 80%以上。

(2)職責的授權。在沒有辦法制定標準程序時，可設定職責範圍，可以授權下級員工依據職責判斷執行。

(3)政策目標的授權。員工有能力達成的目標，在不損害客戶和公司的利益、不違反企業章程的前提下，可將部份事項交由下屬完成。

**2.重視每一個員工**

「不積跬步，無以至千里；不積小流，無以成江海。」企業每一個員工的力量都不該小覷，小的力量彙聚在一起就會發揮出巨大的作用。因此，管理者應通過不同的方式讓員工表達他們的想法，讓他們產生自重感，進而更加看重自己的工作，出色完成工作。

柯達公司有一個「柯達建議制度」。在柯達公司的每一個走廊中，都放有員工可以隨手取到的建議表，員工填好後又可以很方便地投入一個郵箱之中。員工填報的每一份建議，不管有用沒用，作用大或小，都會被及時送到專職的「建議秘書」手中，再由秘書分門別類地送到相關的部門，做出合理的評鑑。不僅如此，公司還設有專門委員會，負責對建議的最終評估、審核和批准，並根據建議貢獻大小對員工進行適當的獎勵。

柯達建議制度源於柯達創始人喬治•伊斯曼意外收到的來自一名普通員工的建議書，柯達正是抓住了這次契機，表彰了這位普通員工並逐步引導建立了「柯達建議制度」。柯達建議制度在改進經營、提高管理、降低成本、保障安全等諸多方面發揮了重要的作用，有力地支持了柯達的發展。

「經營企業即經營人」，柯達深諳此道，通過「柯達建議制度」實現了員工的自我管理過程，避免了因下達命令可能引起的衝突。同時柯達汲取了千萬員工的智慧，成爲企業不斷創新的原動力之一。

### 3.組織員工自主學習

企業定期組織員工自主學習，提高員工自主管理的能力。通過學習，使得員工視野廣闊、技能提高，創新能力大大加強，同時也能不斷自主發現問題。在不斷的更新中使組織自主地進行新陳新陳代謝。

自主管理可以激發企業員工的積極性，激發每一個員工的創造性，用很少的價值創造更大的財富，爲企業的發展源源不斷地注入活力。

## 二、宣導企業與員工雙贏

通過有效激勵人力資源，實現企業效益與員工收益的雙贏，可以從根本上消除員工的消極怠工情緒。

一個企業如果僅僅通過單一的剛性制度規定員工的作業行爲，而不是利用雙贏關係設定更高的目標來激勵員工，將會導致員工消極怠工、生產效率低下。

某工廠總是處在不溫不火的狀態，最近一次經理在現場發現一個奇怪的現象。工廠有一項在零件上鑽孔的工作，工人們每天都是完成 100 個左右的工作量。經理問一位一線的工人鑽一個孔需要多少分鐘，員工們告訴他，1 分鐘就夠了。如果 1 分鐘鑽 1 個孔，1 個小時不就可以鑽 60 個孔了麼？聽經理這麼一問，工人們只是含糊地說「這個嘛……」「如果按這種演算法，每天不就能鑽至少 300 個孔了麼？」對方不再說話了。因為，這個工種的工人每天的工作時間是 6 個小時，工人們看起來在不停地忙碌著，可結果是 6 個小時裏只鑽了 100 個孔。

在經理檢查工廠的時候，員工們總是在忙碌著，一旦追究起工作效率來，員工們的工作成果卻總是不盡如人意。企業負責人不可能時時刻刻都能在工廠，這樣一來，工廠怠工現象仍然會存在。企業的效益不是在於員工在工作時間是否忙碌，而是在於員工的工作效率。如果工作量在一半的工作時間內就可以完成，那麼另一半時間就是在浪費人力資源，這樣的企業文化必將導致企業績效的衰敗。

企業實行績效文化的目的無非是爲了實現高績效，在企業和員工雙贏的狀態下輕鬆促進企業的發展。雖然歷練績效文化的過程是艱難的，但是這種績效文化一旦以正確的方式實施，企業必定會獲得較好的發展動力。

高績效的文化管理擁有六個重要特徵：

(1)企業目標導向明確，清晰界定高績效的定義。

(2)員工善於洞察變化和機遇，並能迅速做出反應。

(3)員工主動承擔責任，自發追求高績效。

(4)企業尊重員工，重視員工的成長與發展。

(5)企業鼓勵創新，並能夠有效管理創新。

(6)企業溝通管道暢通，提倡團隊精神。

從高績效文化的特徵，我們可以發現建立高效率文化的標準和途徑。

**1.建立高績效的工作理念**

理念是一個企業的靈魂，要想實現高績效，就必須要從改變員工的價值觀念開始。構建高績效文化理念的偏失及改變方法如

表 4-2-2 所示。

**表 4-2-2　構建高績效文化理念的偏失及改變方法**

| 偏失 | 說明及改變方法 |
|---|---|
| 不用數據說話 | 考核以事實和數據說話，對事不對人，摒棄人爲操作和憑感覺考核，使「量化管理」在全體員工腦海中紮根 |
| 沒有區分工作和人情 | 績效管理的目的在於根據員工的表現進行獎賞、懲罰或是進行相應的培訓。企業應該讓員工明白，工作就是工作，個人關係不應該成爲影響工作評判的因素，要做到工作上嚴格管理，生活上寬以待人 |
| 沒有及時兌現獎懲 | 員工最反對的是不公平，只要考核公平，即使是被處罰的員工也能夠認可。及時兌現獎罰才能夠對員工產生激勵，只考核不應用最終就會變成「狼來了」。要獲得高績效，企業在實施的過程中必須要及時兌現獎懲 |
| 溝通閉塞 | 企業上下級之間要進行開放式的溝通。開放式的溝通方式要求企業管理者開門辦公，經常傾聽員工意見，進行現場管理，爲員工提供支援、指導並樹立榜樣。採用員工的合理建議，鼓勵員工參與績效管理的實施，以保證績效考核的合理性和可操作性 |
| 管理者沒有帶頭執行 | 績效管理執行好壞的關鍵在管理者，每一個環節都需要管理者親自參與和推動，並使績效管理的過程與企業管理的過程相互結合。否則，績效管理就會與企業管理兩層皮，績效管理就成了形式 |

2. **企業必須將目標分解，並有效分配給所有員工**

企業應該清晰地界定什麼是成功，並向員工描述出實現成功的策略。同時，企業的整體目標應當通過層層分解傳遞到每一位員工。

(1)給每一位員工建立追求的目標，使員工瞭解其工作將會直接影響企業整體目標的實現。

(2)有了目標作爲導向，管理者就可以通過不斷授權，讓員工自動自發地開展工作，從而建立起組織信任的氣氛，讓員工體驗主人翁般的感覺。

**3.企業應該構建有效的考核與激勵機制**

在目標確立後，企業應當以目標完成與否進行考核，而摒棄主觀的、模糊的傳統考核方式，構建起以目標考核和關鍵事件考核爲基礎的績效管理機制，並配套相應的激勵機制，在不斷激勵和考核中強化員工對績效的追求和對高績效文化的認同。

寶潔公司非常重視員工的發展和培訓，不僅建立了標準化的培訓方法，同時也建立了有利於培養人才的管理環境。在每一位經理的年度總結中，有一項特定的內容必須要填寫:「請列出在過去一年中你對公司組織的貢獻」。在這一項裏主要要求填寫在過去一年中，對自己管轄員工職業素養提升所作的貢獻。這項工作佔年度績效評價的 50%，如果是空的，升職基本是不可能的。在每一年年底的晉升評比中，每一位經理必須提出本部門建議晉升的員工，並且要對其他部門經理介紹這位員工的業績，如果獲得成功，那將是十分光榮的事情。這種管理制度使得每一位經理都把培養下屬當做年度的核心工作之一。

寶潔公司為每一位員工建立職業素養記錄，員工每一次職業素養的提高都被記錄在案。員工的職業素養有數字化的成績，升職加薪都與之有關。

保潔公司長久以來本著績效文化的管理方式，本著高績效的原則，培養發展每一位員工，使之確立與企業共同的價值觀。員工在這種帶動之下，更加維護公司的利益，同時又增加了自己的收入。

4. **企業應該加強績效管理的宣傳和培訓**

績效管理需要一個長期的過程才能實現企業的高績效，所以，這一時期在企業內的宣傳和培訓是管理能夠持久進行以及進步的關鍵。

(1)建立順暢的溝通管道，利用企業的內刊、網站、會議、宣傳欄等形式加強培訓。

(2)通過各種場合和機會宣傳高績效文化。

可以說，雙贏績效文化是消除生產浪費的有效途徑，也為精益化人力資源管理提供了有力的支撐。在企業中，雙贏的績效文化激發了各方面工作的積極性，提高了工作效率，防止了消極怠工情況的發生，節約了人力資源。

## 三、工作崗位視覺化，清晰管理對象

視覺化管理是生產工廠的基礎管理工程，對管理對象的清晰瞭解有利於改善生產現場，提高工作效率，也是消除人力資源浪費的重要手段。

如果員工和管理者都能夠清楚地知道他們在什麼時間做什麼工作以及流程的故障是那個環節造成的等信息，那麼，無形中就省去了生產作業中的很多溝通和對接工作，使人力資源管理既省力又有效率。

豐田汽車公司可謂視覺化管理的鼻祖，公司通過使用安燈顯示器以及看板等視覺化 IT 系統，不僅用龐大的網路系統將流程監控起來，還將安燈顯示器放在各個工廠流水線的上方，而且又大又簡單，使員工能夠清晰明瞭地時刻看到，一旦那盞燈熄滅，就代表那個流程出現了問題。安燈顯示器的操控權是在每個流水線操作人員的手中，當工作人員發現異常時會自行拉動頭部上方的拉線裝置報警，這個時候，管理人員就會及時趕到現場，採取應對措施，及時解決問題。

豐田公司就是憑藉著這種對於生產過程中的問題逐一發現、逐一改正的視覺化管理方法，大大減少了過程浪費。

但是，在一些企業中，視覺化的運用情況卻很不盡如人意。例如工人身份辨別困難、工位設置不明確，甚至混亂。要在企業實施精益化生產，首先就要實現崗位的視覺化。

崗位視覺化是利用形象的、直觀的、有利於視覺感知的信息來組織現場活動，從而提高生產效率的一種管理手段。它根據人的行爲方式設計，具有人性化的特點。同時，它簡單有效，對生產作業有直接的幫助。

**1. 標示牌**

(1)生產線標示牌。標示各生產線名稱、編號，如裝配區、返修區等。

(2)身份標示牌。各類人員佩戴的工作證等，註明崗位、姓名等。

(3)工位牌。詳細標示各工廠、各生產環節內每個工位的編號、名稱、工作內容、操作員工、注意事項等。

(4)工具箱及零件箱標示牌。要求標示工具器編號、種類以及存放物品的編號、名稱、數量等。

(5)工具標示牌。一般可標示工具名稱、編號、使用工序、使用者等。

**2.管理線**

(1)作業區線。通常在地面上畫出的區分作業區的區域線。

(2)定置線。作業現場內畫出的防止定置物移動的框格線。

(3)工位分割線。用以區分作業空間。

(4)警戒線。用以規定放置物品時的最大和最小量。

**3.顏色識別**

根據人員類別不同，工作服、工作帽顏色不同，或在工作帽上粘貼不同顏色的標示。

(1)工位器具和零件箱顏色要區分，且顏色最好採用淺綠色、淺藍色等。

(2)工裝及設備的顏色要不同於工具的顏色，同一個工廠的設備顏色要儘量統一。

(3)存放不合格件的工位器具，其顏色要區分於存放合格件的器具顏色，可採用紅色或黃色以警示。

(4)作業區線顏色應區分開來，例如幹道可採用暗色，作業區可採用亮色。

**4.其他**

(1)各種相關規章制度、技術流程向員工明示。

(2)可採用標語等形式向員工傳遞作業信息。

(3)通過指示燈直觀反映生產線的運行狀態。

崗位視覺化的實施是一個循序漸進的過程，可以在實施過程中不斷發現問題，不斷改善，以獲得更好的推行方法。同時，在推行崗位視覺化時，還需要注意以下幾點內容。

(1)風格統一。崗位視覺化要統一組織、規劃，防止隨意性。

(2)簡單直接。各種視覺標示應該簡單易懂，容易認識和運用。

(3)經濟實用。少投入、多辦事，以經濟實用為原則。

(4)靈活有效。實施細節不要固定，可群策群力，運用多種手法予以推行。

實施視覺化管理後，生產現場一目了然，信息傳遞簡單有效。這樣就可以削減管理層次，壓縮管理人員編制，節省管理費用。此外，視覺化實現了原材料、在製品存量的合理管理，使得生產節拍的控制更加便利，減少了在製品資金的佔用。視覺化使得信息交流清晰迅速，問題的發現和處理都相應更加及時，生產週期也大大縮短。

## 四、培養多能工，發揮一人多崗優勢

「一崗多能」能夠使人力資源更好地為企業創造效能，是精益化人力瓷源管理的需要，更是現代企業發展的需要。

越來越激烈的市場競爭，不僅僅是企業之間各個方面的較量，更是全體員工綜合素質的較量。培養多能工，發揮一人多崗的優勢能使企業的人力資源得到最大程度的利用。

小張在工廠計量崗位上工作。有一次，他在使用雙輥崗位上的雙輥機時，發現雙輥的表面溫度不一致。經過仔細檢測後，發現是因為測溫部份的檢測元件出現了問題。他對問題進行了及時處理，避免了設備受到損害，保證了測量數據的準確性。

其實，小張只是廠裏實行「一人多崗，一崗多能」制度試點後，湧現出的諸多一崗多能員工中的一位。該廠為強化工廠員工整體素質，提升其技術水準，進行了一崗多能人才培養嘗試，在短時間內收效明顯。通過一崗多能的培訓，員工們不僅拓展了自己的知識領域，也提升了自己的技術水準。一崗多能的員工在各種崗位實踐操作中顯現出了非常明顯的優勢。

由上面的案例不難看出，培養員工一崗多能的素質，使員工不僅能夠勝任本職工作，還能夠在其他崗位上發揮重要的作用，在一定程度上增加了人力資源的使用效率，從而爲企業創造更多的效益。

培養多能工，是企業充分運用人力資源的一個行之有效的途徑，企業的人力資源部門要通過合理的方式有意識地培養員工多方面的能力。

(1)有針對性地制訂學習和培訓計劃。值得注意的是，先要就員工培訓需求、意願進行調查，然後開展培訓工作。

(2)有意識地引導和鼓勵員工學習相關技術。除了員工學習自身技能之外，還應鼓勵員工學習自己領域技能之外，並給予適當的資助。

(3)激發員工自主學習的熱情。營造員工學習新技術的緊迫感，使其認識到提高技術水準的重要性。

(4)建完善的激勵體系。對那些身兼數種技能的員工給予獎勵，並將這個過程固定下來，激發員工學習的動力。

員工擁有出色的技能，能夠爲企業帶來更多的收益。企業要通過評比、競賽、實際運用等形式，激勵員工不斷進取、不斷鑽研，保持一崗多能的優勢。

製作員工技能看板能夠使員工較客觀地評價自己，從而激發學習熱誠；對於企業而言，能夠準確掌握員工技能狀況，適時採取合理的培訓方案指導技能水準欠缺的員工，提高其技能水準，從而發揮一人多崗的優勢。

**表 4-2-3　某工廠員工技能看板**

| 員工技能看板 | | | | | | | | |
|---|---|---|---|---|---|---|---|---|
| 崗位 | 張× | 王× | 黃× | 趙× | 周× | 肖× | 石× | 李× |
| 物料管理 | ★★★★ | | ★★★ | | | ★★★★ | | ★★ |
| 錠子組裝 | ★★★★ | ★★ | ★ | ★★ | ★★★★ | | ★★ | |
| 錠子繞線 | ★ | | ★★★★ | | ★★★ | ★★★★ | ★ | ★★★★ |
| 錠子下線 | | ★★★ | | | | | ★★★★ | |
| 錠子接線 | ★★★ | | ★★ | ★★ | | | ★★★★ | ★ |
| 錠子潔漆 | ★ | | | ★★★★ | ★★ | ★★★★ | | ★★★ |
| WIT 檢查 | ★★ | ★★★★ | | ★★★★ | | ★★ | | |
| 工具維護 | | ★ | | ★★★ | | ★★ | | ★★★★ |
| 註：★理念合格；★★實操合格；★★★獨立作業；★★★★全面掌握。 | | | | | | | | |

## 四、做好換模、換線時的人員調動管理

熟悉生產工廠的人都知道，在生產流水線上，換型、換線是常見的事情，提前或及時做好相關人員調配工作，才能保證生產按時進行。

由於訂單、作業需求的變化，經常會出現換型、換線的情況。一般來說，每條流水線每天至少要進行 4～5 次或以上的換線。如

此頻繁的換線，如果不能做好人員調配，就會導致生產停滯、設備停滯、工位等待、物料堆積等問題，嚴重影響生產進度，降低員工士氣。

從人力資源角度來看，長時間的等待會浪費大量的人工，因此要做好換型、換線時的人員調配工作。

**1.做好換線的準備工作**

管理者每天應提前針對作業內容進行規劃，做好每日工作的流程安排、人員安排以及異常事件的應對措施。生產換型、換線必定會發生工序、工位的變化，人員之間做好交接工作，能最大化地利用好人工。

有些準備工作是管理者必須首先完成的，這樣到了正式生產的時候才不會因爲準備不足而滯工。例如：員工什麼時候開始工作，需要那些作業人員，員工的專業技能都是什麼，擅長那個領域的作業等。生產線人員上崗時間安排如表 4-2-4 所示。

**表 4-2-4　生產線人員上崗時間安排**

| 生產線 | 作業人員 | 工位 | 到崗時間 | 技能 |
|---|---|---|---|---|
| | | | | |
| | | | | |
| | | | | |

管理人員可將表 4-2-4 做成看板，合理懸掛於工廠牆壁，讓作業員一目了然看到自己的工作內容。此外，管理人員在安排人員上崗時，要同時確定作業員必需的配置、任務及時間。生產換線人員調整如表 4-2-5 所示。

## 表 4-2-5　生產換線人員調整

| 相關人員 | 職責 | 時間要求 |
| --- | --- | --- |
| 技術助理 | 計劃換線 | 前 1 天 |
| | 研究板機和 WI(標準) | 前 1 天 |
| | 線內工作準備 | 晨會 |
| | 確定具體換型時間，並告知相關人員 | 前 3 小時 |
| | 確認物料及工具是否齊全 | 前 90 分鐘 |
| | 掛 WI | 前 30 分鐘 |
| | 協調和指導 | 轉機過程 |
| JIG(工裝夾具)機組 | 領取板機、WI、指引 | 前 1 天 |
| | 準備工具車 | 前 120 分鐘 |
| | 核對工具和 JIG 機 | 前 90 分鐘 |
| | 與 ME 調試 JIG 機 | 前 30 分鐘始 |
| | 協助換型 | 轉機開始 |
| 物料組 | 準備物料車 | 前 120 分鐘 |
| | 核對物料和板機 | 前 90 分鐘 |
| | 協助換型 | 轉機開始 |
| 工人 | 清完上個機型後，立即確認新工位換型 | 轉機開始 |
| ME | 核對 JIG 機和物料 | 前 90 分鐘 |
| | 調試後備 JIG 機 | 前 30 分鐘 |
| | 協助換線 | 轉機開始 |
| QC | 計算時間，核對資料 | 轉機開始 |
| 組長、科員 | 協助換線 | 有轉機計劃開始 |

爲了做好換線準備工作，達到合理安排操作人員的目的，管理者在配備作業員時應滿足以下 3 個要求：

(1)使每個員工所負擔的工作盡可能適合其專業和技術特長。

(2)使每個員工有足夠的工作量，保證其有充分的工作負荷。

(3)使每個員工有明確的職責，做到事事有人管，人人有專責。

**2. 用看板清晰責權**

生產換線或換型中人員安排要及時完成，管理人員可通過看板的形式讓自己和作業員明確自己的責權和工作內容，從而可大大節省因不知情而進行溝通的時間。

管理者要嚴格按照員工技能水準在生產線開工前 3 天設計排好生產線人員定崗看板，以免耽誤作業的正常進行。生產換線或換型會涉及倒班的問題，有很多人會忘記自己是那一班，可以採用視覺化的方法解決。

在白班的袋內插入白班員工的名片卡，在夜班的袋內插入夜班員工的名片卡，卡片插取靈活，可長期使用。管理者在每次換工之前要做好員工名片卡插排工作，以免員工產生錯誤。

做好換型、換線時的人員調整工作，可以消除不必要的人力浪費。有些人認爲這是小題大做，都是一些細枝末節的事，但是，這些小事聚在一起就會成爲大的障礙，週密、詳細的行動總是不會錯的。

## 五、以作業熟練度看板不斷改善員工技能

員工的作業熟練度直接影響生產產量，作業熟練度看板可以記錄員工的作業熟練度情況，記錄員工的工作能力並對其產生激

勵作用，能夠迅速幫助員工改善和提高技能，從而增加單位工作量。

相信沒有一個員工願意自己的技能差於其他人，都想知道自己的能力處於什麼水準。但問題是，要想在偌大的企業內弄清自己的技能是好是壞，是需要一定的時間的。使用作業熟練度看板則爲員工省去了這一煩瑣的步驟，讓員工很清楚迅速地看到自己的作業熟練度，不斷督促自己進步。

作業熟練度看板大體一致，目的都是爲了讓員工能夠清楚迅速地看到自己乃至自己部門的作業熟練度，從而激發其上進心，使得企業的整體熟練度增加，從而提高企業生產效率。

通過視覺化的效果將所有員工的作業熟練現狀展現出來，讓員工清楚自己在企業中的技能水準，可以激勵員工全員參與生產、技能的改善，從而提升全體員工的技能。

除了常規的員工作業熟練度看板之外，管理者可以組織競賽評比看板，通過比賽的形式顯示各成員的作業熟練程度，使比賽中的優勝者獲得物質和精神上的雙重獎勵，激勵員工在比賽前更加努力學習技能。

作業熟練度看板可以直觀表達出員工的作業熟練度，增強員工學習技能的信心。這種視覺化看板的作用較傳統作業熟練度激勵方法有以下特點：

(1)通過視覺化熟練度看板可以更直接地宣傳工作的激情，激勵全員參與。

(2)通過視覺化熟練度看板可以讓員工在看板前後有議論和鑽研的機會，通過員工之間的溝通學習，交流作業技能的經驗，增強員工的作業技能。

## 六、鼓勵內部流動，完善企業人才機制

在企業人力資源管理中，外部的入才流失是人才損失，而內部的人才流動則是通過科學方法和手段把人才留在企業內部，減少了人才外流產生的人力資源浪費，完善了人才管理機制。

試想想經過你的企業精心培養的人才，如今因爲職位的不適合就要辭職，爲此你很苦惱，思索利弊，選擇了爲其加薪的辦法挽留，卻仍舊無法阻止他離開的腳步，十有八九他的去處會是你強有力的競爭對手那裏，這時，你該怎麼辦？是惋惜地看著人才離去，成爲別家企業的人才，還是通過別的手段嘗試將他繼續留在企業。聰明的管理者都會選擇後者。

最好的辦法就是建立人才內部流動機制，留住人才，可從以下幾個方面入手。

**1. 建立內部人才市場**

當下，許多公司都會定時在內部發佈招聘信息，以此來建立一個龐大的內部人才市場來鼓勵員工內部流動，積極地推動員工應聘企業內部職位。一般使用網路推廣在線招聘程序來實現企業內部的人才流動，員工可以自行創建一個具體描述自身技能和興趣的簡歷，將簡歷發到招聘程序上去，以此在企業內部獲得一個更適合自己的不同職位。

普華所建立的內部人才市場十分完備。招聘主管會把內部人才流動作為公司的一個優點向求職的人員介紹，新來的員工也會在入職培訓上聽到有關內部人才流動的介紹。公司空缺的職位會在內部招聘程序上發佈出來，公司的全部員工每個季都會收到來

自內部招聘程序的電子郵件，以此來提醒他們去及時查看空缺的職位。「我們要告訴新員工，公司給他們提供的不僅是一份工作，而是一份事業。」弗裏德曼說，「我曾擔任過 8 年的審計員，現在我負責為公司招聘人才。我本身的經歷就能說明，在普華，人人都有機會調整自己的職業走向，做他們真正想做的事情。」

普華用內部人才市場更好地管理人才，使人才不再拘泥於自己的職位，如果你有才華，你夠資格，你就可以隨時去別的崗位工作，使用網路系統和提醒系統更方便了人才的管理，使得人才更有歸屬感和責任感，增加了他們為公司工作的積極性。

**2. 儲備候選人才**

人力資源管理系統可以構造人才流動信息鏈。人才流動信息鏈儲存有企業全部員工從招聘進來之後的一切有用信息，共用那些有可能被提拔爲未來主管的員工的績效和評估結果，並爲將來的空缺職位建立起一個內部候選人員名單。

英格索蘭公司從 2008 年起就預見不久將會出現人才短缺，早早就做好了候選人才的儲備工作，建立一個龐大的人才流動信息鏈以應對人才危機。公司對內部員工加以培養，這樣就不必依賴外部人才，就算人才危機也不會波及公司內部。在這樣應對的基礎上，英格索蘭公司儲備了大量的人才，為公司發展奠定了深厚的基礎。

從內部儲備候選人才，節省了招聘、培訓等大量的人力資源部門的開支，優化了人才，使人才更加「才有所有」，更好地爲公司的發展服務。

**3. 建立內部的「跳槽」制度**

與其讓員工跳槽去外面，還不如在本公司內建立完整的「跳槽」制度，讓員工在內部跳槽，這樣高頻度的人才流動不僅激發了員工的工作積極性，還從根本上培養了人才。

新力公司在公司內部建立了龐大的「跳槽」制度，為了使每位員工都能做到「人盡其才」，公司通過出版內部刊物刊登公司各部門「招聘信息」，內部員工可以方便地前去部門應聘。另外，新力公司還明確規定，鼓勵員工每隔兩年就在公司內部至少調動一次工作，尤其對那些業績豐富、精力旺盛的人才。公司建立內部「跳槽」制度以後，很多人才都找到了自己滿意的工作崗位。

新力公司通過建立完備的「跳槽」制度，從一定程度上阻止了人才外流的情況，激發了員工工作的積極性，為企業的長遠發展奠定了堅實的基礎。

**4.週期性的人才盤點**

定期對企業人員的績效管理及能力進行評估，盤點出員工的總體績效狀況以及發展空間，是實現人才內部流動的又一方式。進一步說，就是在公司內部發掘一批潛力員工，記錄並跟蹤他們的個人職業發展傾向，並依據調查結果和評價結果明確發展對象及其所在的崗位，並對其做出相應的人力資源戰略規劃，動態地對員工進行管理。人才盤點利於實現員工內部流動，對於完善企業人才機制具有以下作用：

(1)通過人才盤點，企業管理者能夠通過統計資料明確目前的員工工作現狀、發展潛力、上升空間，更好地在企業內部利用人才，使人力資源的潛在優勢得到最大的發揮。

(2)通過人才盤點，企業管理者可以經常綜合地總結和提高員工的素質和品質，使員工在競爭中求得企業的發展，實現企業人力資源管理的良性循環。

(3)通過人才盤點，也會讓企業發現那些對於自己企業來說沒有發展前途的員工，及時把他們從崗位上淘汰下來。

在實現企業內部人員流動的過程中，除了相得益彰的方法以外，仍舊需要遵循以下原則：

(1)清晰的目標。清晰的目標可以成爲企業實現人才內部流動的動力。

(2)完整的政策。規範內部流動計劃，例如什麼時候實施、怎樣實施以及由誰來負責等，清楚地向企業內部人員傳達有關內部流動政策和流程的信息。

(3)宣傳的管道。建立完善的宣傳管道，讓員工瞭解內部人員流動的所有招聘信息以及申請管道、申請方式和申請要求等。如：內部招聘網站。

(4)數據的收集。建立員工技能數據收集系統，有助於適時主動幫助員工流動。

(5)績效的評估。用於衡量公司內部流動方案是否達到目標，是否和公司的總體目標保持一致。

實現企業內部的人才流動，可以有效地防止人才流失，將人才留在企業，節約了管理成本，精簡了人力資源，爲企業的發展打下堅實的基礎。

心得欄 ------------------------------

----------------------------------------

----------------------------------------

----------------------------------------

# 第 5 章

# 生產現場如何減少浪費

## 第一節　現場管理是減少浪費的利器

### 一、企業要積極推行 5S 管理

企業推行 5S 管理是爲了消除生產過程中出現的各種不良現象，改善產品品質，提高生產力，確保準時交貨，確保安全生產，培養員工良好的工作習慣。也就是說，推行 5S 管理，既可以直接降低生產成本，又可以間接降低整體成本。

在生產現場經常出現各種各樣的問題。表 5-1-1 節選了 10 種在生產現場常見的一些現象，請你根據你所在企業的實際情況進行「是」或「否」判斷。

有幾項存在於你所在的企業呢？其實，表 5-1-1 中的這些現象一般不會單獨存在，是一存俱存的。如果你所在的企業存在以上現象，說明企業還需要很大的改進。而改進以上問題的良方就是 5S 管理。

**表 5-1-1 生產現場自評表**

| 檢查內容 | 你所在企業的情況 |
|---|---|
| 生產現場有儀容不整或穿著不整的員工 | |
| 沒有用的東西堆了很多，處理又捨不得，不處理又佔用空間 | |
| 工作臺上堆了一大堆東西，每次找東西都要東翻西找 | |
| 地上擺放著許多雜物 | |
| 機器擺放不當，物料搬動會浪費很多時間 | |
| 物料堆放隨意，標籤張貼混亂 | |
| 地上經常有垃圾，且不能及時清理 | |
| 工作時間有員工在工廠吐痰、吸煙、做些與工作無關的事情等 | |
| 員工培訓不到位，員工操作存在風險 | |
| 經常有員工故意破壞企業的財物 | |
| 合計 | |

推行 5S 管理是一個持續改進的過程，是需要經過時間核對總和磨煉的。

### （一）5S 管理的作用

#### 1.吸引潛在客戶

整齊、清潔的工作環境，不僅能提升員工的士氣，還能增強客戶的滿意度，有利於吸引更多的客戶與企業合作。

#### 2.增強員工的歸屬感

5S 管理的推行可以增強員工的歸屬感。在乾淨、整潔的工作環境中，員工的尊嚴和成就感可以得到一定的滿足。由於5S管理要求進行不斷的改善，因此可以增強員工進行改善的意願，使員工願意爲推行5S管理付出愛心和耐心。

**3.增加安全係數**

實施5S管理，可以使生產現場寬廣明亮，地面上不隨意擺放物品，保持通道暢通，意外發生的概率會大大減少。同時，由於5S管理的推行也需要制度的約束，在提升員工的素養、強化員工的責任感的同時，也會增強員工的安全意識。

**4.減少生產現場的浪費**

由於生產現場經常出現一些不良現象，因此在人員、時間、士氣、效率等多方面造成了很大的浪費。推行5S管理，可以有效減少生產過程中的浪費，減少人員、時間和場所的浪費，降低產品的生產成本，其直接結果就是爲企業增加了利潤。

例如，在進行整理時，將必要物和不必要物分開，並將不必要物清理掉，就是爲了減少空間的浪費，使生產現場道路暢通。

**5.降低產品的不良率**

推行5S管理，可以培訓員工的認真負責的態度，使其遵守生產規則，從而使產品的品質得以保障，降低產品的不良率。

**6.提高生產效率**

舒適的工作環境、良好的工作氣氛和有素養的工作夥伴，都可以讓員工心情舒暢，從而有利於發揮員工的工作潛力。另外，物品的有序擺放，減少了物品的搬運時間，也會提高生產效率。

## （二）推行5S管理的步驟

根據上面的介紹，5S管理很容易做，但需要堅持到底。所以，企業要想順利推行 5S 管理，必須明確 5S 管理推廣的重要意義，消除員工在認識上的錯誤。另外，5S 管理的推行需要全體員工的齊心協力，需要全員參與。

那麼，如何在整個企業內推行 5S 管理呢？

**1. 成立推行組織，制定考核與激勵措施**

任何一項需要大範圍開展的工作，都需要有專人負責組織開展，所以成立 5S 管理推行委員會，是 5S 管理推行成敗的關鍵。並且，在 5S 管理推行中，負責人必須是企業高級管理人員，對下要有權威性，對上要有較多機會與最高主管溝通。下面是某生產企業 5S 管理推行小組的組織結構。

某企業的 **5S** 管理推行委員會，主席爲總經理，成員爲各部門主管，負責審批各項有關推行 5S 管理的建議及方案，研究並制定企業政策、行政方案、人力資源分配等，以配合推行 5S 管理。

**5S 管理工作小組：**

成員爲各部門代表，研究及計劃 5S 管理推行方案，籌備各項有關推行 5S 管理活動，指導各執行小組推行 5S 管理。

**5S 管理審核小組：**

成員由推行委員會指派員工擔任，建立 5S 管理的評估及獎賞計劃，定期審核各執行小組的進度，定期安排各部門的 5S 管理執行小組進行 5S 管理比賽，表揚成績優異的執行小組。

**5S 管理推廣小組：**

成員爲各部門員工代表，籌備一系列有關 5S 管理的培訓，建立有關推廣及宣傳 5S 管理的工具。

**秘書處：**

成員由推行委員會指派員工擔任，負責向 5S 管理推行委員會、工作小組、審核小組以及推廣小組提供秘書支援服務。

**執行小組：**

督導員由部門主管擔任，負責指導部門小組推行 5S 管理；

小組組長由部門主管指派其員工擔任，帶領小組成員推行 5S 管理；小組成員爲部門全體員工，在所負責的區域推行 5S 管理。

2. **制定推行規劃，形成制度**

企業推行 5S 管理，必須有明確的規範，形成制度，讓員工明確知道該做什麼、不該做什麼、什麼樣的做法是符合標準的、什麼樣的做法是不符合標準的。

3. **展開宣傳攻勢，進行培訓**

關於 5S 管理的宣傳旨在營造一個良好的學習氣氛，使員工逐步習慣這個氣氛。通過潛移默化、耳濡目染，提升每名員工的 5S 管理意識，可利用企業的宣傳欄、海報、內部報刊等進行宣傳。

培訓對企業及員工來說，都是非常重要的。讓員工瞭解 5S 管理能給工作及自己帶來好處從而主動地去做，這與被他人強迫著去做其效果是完全不同的。企業推行 5S 管理，其培訓對象是全體基層管理人員及基層員工，主要內容是 5S 管理基本知識、各項 5S 管理規範。培訓的方式可採用集中培訓或逐級培訓，即先培訓基層管理人員，再由基層管理人員培訓其所屬員工。

同時，培訓的形式也要多樣化，如講課、放錄影、觀摩其他企業樣板區域、學習推行手冊等。

只有 5S 管理理念深入員工內心，5S 管理運用到企業的每一個環節、每一個角落，企業的 5S 管理才算是成功的。

4. **全面推行 5S 管理，實行區域責任制**

由企業的 5S 管理推行委員會主任總動員，整個企業上下正式全面執行各項 5S 管理規範，即各個部門都要對照 5S 管理嚴格執行，各級員工都要透徹瞭解 5S 管理規範，並按規範嚴格要求自己。

這個階段是推行 5S 管理的實質階段。每個人的不良習慣能否得到改變，能否建立一個良好的 5S 管理工作風氣，在這個階段都能得以體現。

5. **全面監督檢查，持續檢討與修正**

企業在推行 5S 管理的過程中常碰到以下狀況：規範本身不夠完善；員工藉口工作忙而不執行規範；執行得不夠徹底；應付式執行；熱潮過後又恢復原樣；個人習慣難以改變等。這些都成爲推行 5S 管理的障礙。如果不加大監督檢查力度，5S 管理的推行很可能就會流於形式，企業所做的努力也會付諸流水。

任何制度的執行，一般都會存在各種不足之處，都需要及時檢討並進行修正。企業因其背景、架構、企業文化、員工素質的不同，推行 5S 管理時可能會有各種不同的問題出現，所以企業要根據推行過程中遇到的具體問題，採取可行的對策，才能很快提升全員的素質，提升產品的品質，從而有效地從整體上降低生產成本。

某生產企業開始推行 5S 管理，但很多人認爲這是曇花一現的事情，對活動的長效性產生了懷疑。於是，該企業及時指出 5S 管理必須長期堅持，持之以恆。要求各部門不論工作有多忙，每天都必須在作業前進行 10 分鐘的 5S 管理活動，檢查生產現場是否符合標準，及時給予整頓改進。爲了使 5S 管理深入下去，企業還經常瞭解員工對 5S 管理的想法，及時發現推行中的失誤，充實 5S 管理推行內容，對推行要領、方法進行改進，使宣傳、培訓、操作、考核等環節更能貼近實際，易於操作。

## （三）5S 管理的內容

5S 管理是現場管理的經典工具，源自日本。5S 是日文的整理(Selrl)、整頓(Selton)、清掃(Selso)、清潔(Selketsu)、素養(Shlsuke)這 5 個單詞的首位字母的縮寫，具體內容如表所示。

**表 5-1-2　5S 管理**

| 5S | 具體內容 | 實施目的 | 實施要點 | 說明 |
|---|---|---|---|---|
| 整理 | 將生產現場的物品區分爲必要物和不必要物，除了必要物外，不必要物都要清除掉（包括一些殘餘物料、待修品、待返品、報廢品，以及一些已無法使用的工夾具、量具、機器設備） | 1. 騰出更多的空間<br>2. 防止誤用、誤送<br>3. 塑造清爽的生產現場 | 1. 全面檢查生產現場，包括看得到和看不到的<br>2. 制定必要物和不必要物的判別基準<br>3. 將不必要物清除出生產現場<br>4. 調查必要物使用頻度，決定日常用量及放置位置<br>5. 制定廢棄物處理方法<br>6. 每日自我檢查 | 1. 要有決心，對於不必要物應斷然地加以處置<br>2. 生產現場擺放不必要物是種浪費<br>3. 生產現場中所有被佔有而無效用的空間都是清理的對象 |
| 整頓 | 對整理之後留在生產現場的必要物分門別類放置，排列整齊，進行有效地標識。整頓的3定原則是定點，放在那裏合適；定容，用什麼容器、顏色；定 | 1. 生產現場一目了然<br>2. 消除找尋物品的時間<br>3. 整潔、舒適的工作環境<br>4. 消除過多的積壓物品 | 1. 整理的工作要落實<br>2. 確定放置場所<br>3. 規定放置方法、明確數量<br>4. 畫線定位<br>5. 場所、物品標識 | 1. 整頓是提高效率的基礎<br>2. 物品的保管要定點、定容、定量，生產線附近只能放必需的物品 |

續表

| 5S | 具體內容 | 實施目的 | 實施要點 | 說明 |
| --- | --- | --- | --- | --- |
| | 量，規定合適的數量 | | | 3.放置的物品要易取<br>4.放置場所和物品原則上一對一 |
| 清掃 | 將生產現場內看得見與看不見的地方清掃乾淨，保持生產現場乾淨、清爽 | 1.防止污染<br>2.穩定產品品質<br>3.減少工業傷害<br>4.保持前面2S的成果 | 1.建立責任區<br>2.執行例行掃除，清理髒汙<br>3.調查污染源，予以杜絕或隔離<br>4.制定清掃基準並作爲規範 | 1.消除生產現場的汙跡<br>2.強調制度的重要性<br>3.增強每名員工的責任意識 |
| 清潔 | 維持前面3S的成果，將其制度化、規範化，並貫徹執行及維持結果 | 1.養成持久有效的習慣<br>2.維持和鞏固前3S的成果 | 1.制定考核方法<br>2.制定獎懲制度，加強執行<br>3.生產主管經常帶頭巡查，以表重視 | 1.在整潔、舒適的工作環境中，員工工更有積極性<br>2.加大監督的力度 |
| 素養 | 每個人都養成良好的習慣，並遵守規則，培養主動積極的精神 | 1.培養具有好習慣、遵守規則的員工<br>2.提高員工禮貌水準<br>3.營造團體精神<br>4.提高員工的綜合素質 | 1.制定服裝、儀容等標準<br>2.制定共同遵守有關規則、規定<br>3.制定禮儀守則<br>4.訓練新員工，強化5S管理的教育和實踐<br>5.開展各種精神提升活動 | 1.開展5S管理容易，但它的長時間維持必須靠員工素養的提升<br>2.可以通過晨夕會、禮貌運動等措施開展5S管理 |

推行 5S 管理，對員工而言，可以使員工的工作環境更舒適。可以使工作更方便、更安全，更容易與其他人溝通；對企業而言，則有可能實現零次品、零浪費、零更換、零事故、零停機、零抱怨、零庫存等。

### （四）推行 5S 管理的方法

保障 5S 管理有效推行的方法有很多，下面將重點介紹紅牌作戰和攝影作戰兩個方法。

**1. 紅牌作戰**

紅牌作戰就是使用醒目的紅色標籤，顯示企業內部急需且難以整理的地方，並引起所有員工的共識，共同改善。紅牌作戰是推行 5S 管理最主要的工具，其目的在於運用醒目的紅色標籤標明問題的所在。掛紅牌的對象可以是材料、產品、機器、設備、空間、辦公桌、文件、檔案等。

在整理時，清楚地區分必要物與不必要物，將不必要物貼上紅牌；在整頓時，將需要改善的事、地、物貼上紅牌；

在清掃時，將油污、不清潔的設備、藏汙納垢的辦公室死角、生產現場不該出現的東西貼上紅牌。

紅牌應用一般是越少越好。而清潔的目的是爲了減少紅牌；而在員工素養方面，一些員工的紅牌數會持續增加，這說明他們還需要努力去減少紅牌。

採用紅牌作戰時需要注意以下幾個要點：

⑴貼在錯誤之處，不要貼在人身上；

⑵不要因爲面子問題而不貼；

⑶要貼在明顯之處；

⑷貼紅牌時間要集中，時間跨度不要太大；

⑸可將改善前後的情況進行對比；

⑹紅牌問題一經解決，要馬上摘掉紅牌。

**2. 攝影作戰**

攝影作戰就是根據企業在推行 5S 管理的過程中特別突出的表現或出現的問題，給予攝影備案，以激勵或施加壓力的形式促進 5S 管理推行的一種方法。

對於在 5S 管理推行過程中發現的問題，要當即攝影；問題解決後，在同樣的地點、同樣的角度再次拍照，進行前後對比，進而把問題解釋清楚。這種做法也會給其他人或團隊一定的壓力，進而可以保證 5S 管理的順利推行。

對於 5S 管理執行較好、改善較好的個人或團隊，也要攝影張貼以示鼓勵，使其有很強的成就感。

在進行攝影作戰時，一定要註明拍攝日期、部門負責人、現場負責人和拍攝原因等，便於以後查詢。

**3. 5S 管理日檢查表**

5S 管理的執行貴在堅持，然而離不開檢查。在沒有監督的情況下，5S 管理往往到最後流於形式，失去了應有的意義。表 5-1-3 是一份 5S 管理日檢查表，包含了許多需要檢查的內容。

## 表 5-1-3　5S 管理日檢查表

| 5S區 | 5S項目 | 序號 | 5S細目 | 年 月 日 | | |
|---|---|---|---|---|---|---|
| | | | | 早 | 中 | 晚 |
| 工廠區域 | 員工 | 1 | 著工裝 | | | |
| | | 2 | 佩戴卡 | | | |
| | | 3 | 精神面貌好 | | | |
| | | 4 | 不做與工作無關的事 | | | |
| | | 5 | 其他 | | | |
| | 通道，地面 | 6 | 通道順暢，無物品擋住 | | | |
| | | 7 | 畫區線/定位線清晰，物品擺放在指定定位線內 | | | |
| | | 8 | 地面乾淨、無雜物 | | | |
| | | 9 | 工廠內無雜物 | | | |
| | | 10 | 地面無積水 | | | |
| | | 11 | 其他 | | | |
| | 牆壁/天花板 | 12 | 無蛛網 | | | |
| | | 13 | 無污漬 | | | |
| | | 14 | 無劃痕/擦痕/撞痕 | | | |
| | | 15 | 無亂貼、亂畫 | | | |
| | | 16 | 窗戶明亮、乾淨 | | | |
| | | 17 | 其他 | | | |
| | 工作台椅 | 18 | 桌、椅定位良好 | | | |
| | | 19 | 臺上、台下乾淨、整潔，物品擺放整齊 | | | |
| | | 20 | 工作椅定時清洗，表面乾淨 | | | |
| | | 21 | 及時修理，無壞桌、椅 | | | |
| | | 22 | 其他 | | | |
| | 設備 | 23 | 機台及其他設備外觀清潔 | | | |

續表

| 5S區 | 5S項目 | 序號 | 5S細目 | 年 月 日 | | |
|---|---|---|---|---|---|---|
| | | | | 早 | 中 | 晚 |
| 工廠區域 | 設備 | 24 | 擺放整齊 | | | |
| | | 25 | 線路固定且綁紮好 | | | |
| | | 26 | 機旁無擺放雜物 | | | |
| | | 27 | 機底無雜物 | | | |
| | | 28 | 設備及時修理，無壞機 | | | |
| | | 29 | 其他 | | | |
| | 物料、貨車、架 | 30 | 分類清楚，有標識 | | | |
| | | 31 | 貨車，貨架擺放整齊 | | | |
| | | 32 | 貨車罩、防塵罩、折疊放置 | | | |
| | | 33 | 有問題貨車、貨架及時修理 | | | |
| | | 34 | 其他 | | | |

## 二、目視管理

### （一）目視管理優點

目視管理是利用視覺信號進行信息傳達，讓管理要求和工作狀況一目了然，達到提高效率和防止差錯目的的一種管理方式。即無論誰，只要用眼睛看一下某些視覺化的工具，立刻就知道是怎麼一回事，應該怎麼辦，並能採取適當的行動。

對生產企業而言，如果運用目視管理，生產效率會得到很大提升，差錯可以有效地防止，那麼企業的整體成本也就自然而然地會得到有效的控制，從而達到控制生產成本的目的。

應用目視管理，可以讓每名員工都能很快明白自己要做的事情、應該遵守那些規則等，可以有效地節約企業的培訓成本。

應用目視管理，還可以保證信息溝通流暢。如果通過目視管理可以讓員工掌握自己的工作要求，那麼可以縮減大量的中間管理環節，從而節約大量的管理成本和人工成本。目視管理可以起到相互監督的作用，使員工自覺養成好習慣。

某生產企業根據不同工廠和工種的特點做出規定：不同的工種要穿戴不同的工作服和工作帽，不同的工廠服裝要有所區別。如此一來，那些擅離職守、串崗聊天的人就處於眾目睽睽之下了。

在生產現場，良好的目視管理水準讓管理人員更有機會直接獲得現場的工作信息，使管理工作更符合企業實際。同時，管理人員因爲信息流暢而下達了正確的指令，而且員工能夠更迅速地理解，這就能大大提高生產效率。

另外，在企業的生產過程中，每天都可能發生這樣或那樣的問題或異常，如果這些問題或異常不能及時被發現和處理，就會影響生產活動的正常進行。通過目視管理就能很明顯地揭示出生產現場的理想狀態與現實狀態、正常狀態與異常狀態的差別，讓每名員工一眼就能看出問題或異常。如此一來，員工就能一邊作業一邊發現問題或異常，從而能夠及早發現問題或異常，並採取相應策略。同時，目視管理更利於管理人員下達指示，因爲他們一走進生產現場，就能看出問題所在，從而節約了處理問題的時間。

一般來說，企業在推行目視管理時，要遵循幾項要求，這也是生產主管必須掌握的，如表 5-1-4 所示。

**表 5-1-4 目視管理的基本要求**

| 基本要求 | 說明 |
|---|---|
| 統一 | 在進行目視管理時，一定要標準化，切忌雜亂 |
| 簡約 | 各種視覺信號易看易懂，一目了然 |
| 鮮明 | 各種視覺信號清晰，位置適宜，生產現場的每個人都能看得見、看得清 |
| 實用 | 一切從實際出發，少花錢多辦事，注重實效 |
| 嚴格 | 全體員工必須嚴格遵守並執行有關規定，有錯必糾，賞罰分明 |

目視管理的管理要素很多，如服務、產品、半成品、原材料、零件、配件、設備、通道、場所、標準等。下面以物料的目視管理做簡單的介紹。

在生產企業中，物料管理是指快速區分物料的類別、地點、數量和存放的地點等，這也就決定了物料的目視管理的基本要點：

⑴物料的名稱及用途，可分類標識，用顏色區分；

⑵物料的放置位置，可用顏色劃分不同的區域，並用不同的標識區分；

⑶物料的數量，標誌出物料的最大在庫線、安全在庫線、下單線等，並明確是否需要補料。

目視管理主要利用視覺信號傳達信息，因此可以發出視覺信號的方式是多種多樣的，如各式圖表、標牌、指示線、指示燈、電視機、儀錶等，它們可以發出形象直觀、容易識讀和容易判斷的顏色、形狀、文字、光電及數字信號等。

目視管理所取得的效果有三級，即初級、中級、高級水準。從初級到高級，需要一個持續的過程，需要腳踏實地地提高管理水準，使現場規範化、程序化、標準化，如表 5-1-5 所示。根據表 5-1-6，檢驗你所在的企業的目視管理是否到位。

**表 5-1-5　目視管理效果水準表**

| 水準等級 | 狀態描述 | 達到的效果 |
|---|---|---|
| 初級 | 排列整齊，便於對物品進行必要的確認 | 一看就能明白所處的狀態 |
| 中級 | 通過一般標識使物品的數目一目了然 | 可以立即判斷出是否正常 |
| 高級 | 通過標識和提示，使物品的數目在任何時候都能一目了然 | 異常處理、管理標準很明確 |

**表 5-1-6　目視管理查檢表**

| 典型活動 | 位置 | 審核結果 |
|---|---|---|
| 透明度(能夠一眼看透的玻璃門) | | |
| 檢查合格標記或標籤 | | |
| 儀表上和開關上的危險區標記 | | |
| 「危險」報警標記和記號 | | |
| 滅火器和「出口」標誌 | | |
| 管道、通道等方向標誌 | | |
| 開關等開、關的方向標誌 | | |
| 有顏色符號的管道 | | |
| 愚巧法的應用 | | |
| 責任標籤 | | |
| 電氣、電話線管理 | | |
| 彩色符號，如紙、文件、櫃等 | | |
| 防止雜訊和振動 | | |
| 部門、辦公室的標誌和銘牌 | | |

### （二）實施目視管理的要點

#### 1.明示管理要求

很多時候，由於員工不清楚管理要求，造成管理的混亂。而目視管理可以將管理要求直觀地表現出來，讓員工清楚地掌握、自覺地遵守。生產現場中各種表達提示、警示、規範、規定、要求等內容的語句、標誌、圖形、畫線等，都屬於明示管理要求的內容。

#### 2.一眼看出現場正常與否

目視管理可以讓任何人一眼就能看出現場是否正常。如果因爲有人不瞭解生產現場，就不能判斷現場的狀況是否正常，目視管理就失去了意義。也就是說，目視管理實施的要求是讓外行人都能看懂。

一台機器的轉數在某個範圍內是安全的，如果超過會發生危險。但對一個外行人來說，這是不夠的。怎麼辦？如果機器的轉數在正常範圍內顯示綠色，超出則顯示紅色，這樣任何人一眼就能看出機器是否在正常運行。

#### 3.描繪出理想狀態

通過描繪出理想狀態，可以使目標清晰，能夠對員工產生激勵作用。

#### 4.使作業簡單化

目視管理可以使作業簡單化，可以提高工作效率，也能避免錯誤的發生。

除此之外，生產企業在實施目視管理時，要與有效控制生產成本有機地結合起來，要時刻自我提醒：一切從實際出發，涉及生產過程的必需投入，但也要精打細算，力求做到投入有計劃、實施有步驟、使用有控制。

**表 5-1-7　目視管理工具一覽表**

| | | |
|---|---|---|
| 看板管理 | 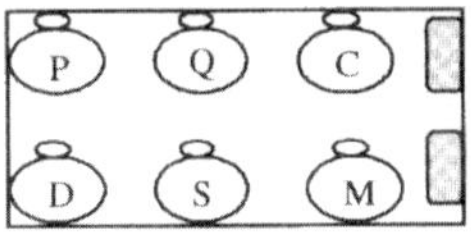 | 讓每個人看了就知道是什麼東西、在什麼地方、數量有多少 |
| 紅牌作戰 | 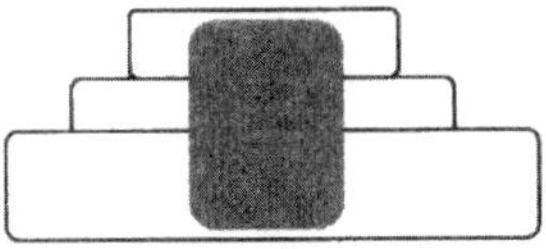 | 紅牌是將日常生活中不要的東西當做改善對象，讓每個人都能看清楚 |
| 異常信號燈 | 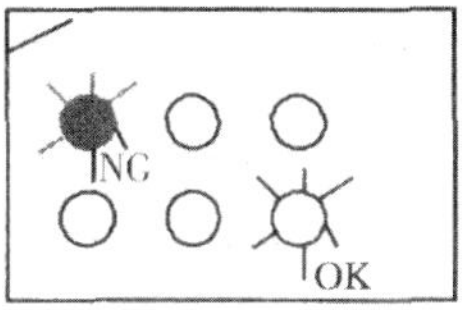 | 一般設紅、黃兩種信號燈。當零件用完、機器發生故障時，按黃燈通知管理人員；當發生重大問題時，按紅燈通知管理人員 |
| 錯誤演示板 | 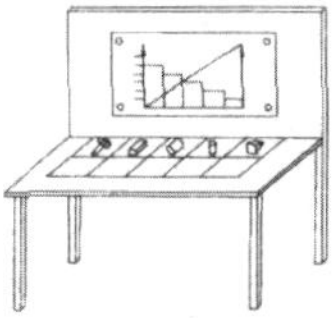 | 讓生產現場的作業人員明白不良現象及可能產生的後果。錯誤演示板多放在顯眼位置，讓作業人員一眼就能看到 |
| 操作流程圖 | 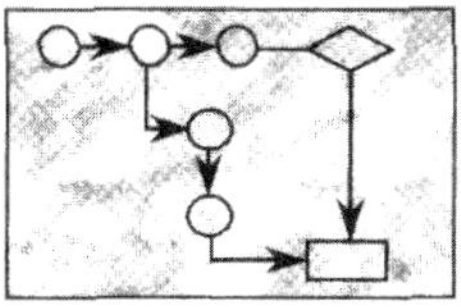 | 將工程配置和作業步驟以圖表示，一目了然。單獨使用標準作業表的情形較少，一般都是使用人、機器、工作組合起來的操作流程圖 |
| 錯誤防止板 | 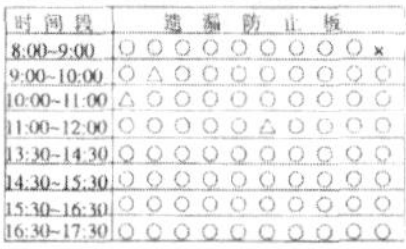 | 以一小時爲單位，每天分八個時段。每個時間段記錄合格品、不良品、次品情況 |
| 警示燈 | 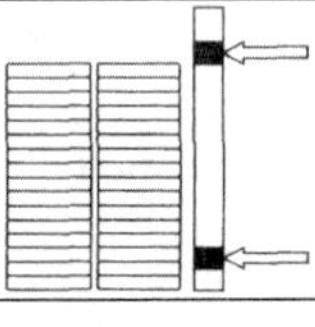 | 在倉庫或其他物品放置場所表示最大或最小的在庫量 |

# 第二節　作業管理的成本控制重點

## 一、制定合理的生產計劃

生產計劃是生產企業順利進行生產的重要前提。生產計劃關係著一家企業能否在一段較長時間內發揮其應有的作用，主要體現在對企業的生產品種進行預測，對人力、設備、技術、物資、動力等資源能力進行合理調配和使用。如果生產計劃做不好，生產就難以執行，甚至可能導致生產管理的混亂。

### （一）制定生產計劃的 4 個指標

生產企業的生產計劃工作主要包括核定企業的生產能力，確定目標，制定策略，選擇計劃方法，正確制定生產計劃、庫存計劃、生產進度計劃和計劃工作程序，以及計劃的實施與控制工作等。這構成了企業的生產計劃體系。

要制定生產計劃，可以用以下幾個主要指標從不同的側面反映企業生產產品的要求。

**1. 品種指標**

產品品種指標主要指企業在計劃期內生產的產品名稱、規格等值的規定性，企業在計劃期內生產的不同品種、規格產品的數量。

產品品種指標能夠在一定程度上反映企業適應市場的能力。

一般來說，產品品種越多越能滿足不同的需求，但過多的產品品種會分散企業生產能力，難以形成規模優勢。因此，企業應綜合考慮，合理確定產品品種，加快產品的更新換代，努力開發新產品。

### 2. 品質指標

產品品質指標是指企業在計劃期內生產的產品應該達到的品質標準，包括內在品質與外在品質兩個方面。內在品質是指產品的性能、使用壽命、工作精度、安全性、可靠性和可維修性等因素；外在品質是指產品的顏色、式樣、包裝等因素。

產品品質指標是衡量一家企業的產品是否能滿足社會需要的重要標誌，是企業贏得市場競爭的關鍵因素。

某機電公司爲了充分贏得市場，對產品的品質提出較高的要求，給出了較高的品質指標。

在實際工作中，公司從人、機、料、法、環、測等方面入手，對可能影響產品品質的所有因素進行「三控」(即產品生產前條件評審的事前控制，生產過程中實施技術監督的事中控制和產品生產結束後進行檢驗的事後控制)，對產品生產過程中涉及的所有過程、環節嚴密監控，使重點產品的各項品質指標穩步提高。

最終的結果令人驚喜，某重點產品的 23 項良品率指標全面完成，其中該重點產品某部件機加良品率計劃爲 94%，實際爲 98.68%，比計劃提高 4.68%。

### 3. 產量指標

產品產量指標是指企業在計劃期內應當生產的合格產品數量。

產品產量指標是表明企業生產成果的一個重要指標，它直接來源於企業的銷售量指標，也是企業制定其他物量指標和消耗量指標的重要依據。

**4. 產值指標**

產品產值指標是指用貨幣形式表示企業生產產品的數量，主要有產品產值、總產值和淨產值三種表現形式。

⑴產品產值是指企業在計劃期內生產的可供銷售的產品的價值，主要包括用自備原材料生產的可供銷售的成品和半成品的價值，用訂貨者來料生產的產品的加工價值，對外完成的工業性勞務價值。

⑵總產值是指用貨幣表現的企業在計劃期內應該完成的產品總量，是計算企業生產發展速度和工作生產率的依據。它反映企業在計劃期內生產的總規模和總水準，包括產品產值，訂貨者來料的價值，在製品、半成品、自製工具的期末期初差額價值。

⑶淨產值是指表明企業在計劃期內新創造的價值。在企業確定了自己的生產能力、生產目標後，就會制定相應的生產策略，選擇合適的生產方法，進而制定翔實的生產計劃。

## （二）生產需求預測的 4 種方法

企業在制定生產計劃、進行生產前，必須對未來的生產需求做一個預測，預測可能需要的人力、設備、物料、技術、方法、場地、環境等。人們常說的「有備無患」就是這麼回事。生產主管由於置身生產一線，具有多年的從業經驗，對生產需求比較敏感，應當扮演預測小組中的主要角色。

企業如何進行生產需求預測呢？下面介紹幾種簡單的生產需求預測的方法。

**1.德爾菲法**

德爾菲法是以預先選定的專家作爲徵詢意見的對象，預測小組以匿名的方式給各位專家發放調查問卷，函詢徵求專家的意見。然後將收集的專家意見匯總整理，在參考回饋意見的基礎上，預測小組重新設計出新的調查問卷，再對每名專家進行調查，專家可以根據多次回饋的信息做出判斷。如此多次反覆，專家的意見逐步趨於一致，即得出預測結果。在使用德爾菲法時，需要注意：

⑴函詢問題要集中；

⑵不能將預測小組的意見強加於專家；

⑶德爾菲法適用於長期趨勢和對新產品的預測；

⑷常用於採集數據成本太高或不便於進行技術分析的情況。

**2.客戶調查法**

客戶調查法是通過信函、電話或訪問的方式對現實的或潛在的客戶購買意圖進行調查，得到需求的預測結果。這種方法一般用於對新產品或缺乏銷售記錄的產品需求進行預測。

**3.部門主管討論法**

部門主管討論法是一些中高層管理人員聚集在一起進行集體討論，對產品需求做出預測。這種方法常用於制定長期規劃和開發新產品預測。

**4.銷售人員集中法**

銷售人員集中法是根據每名銷售人員對需求預測的情況進行綜合得出的預測結果。另外，企業也可根據生產的實際，採用回歸預測法、加權移動平均、指數平滑法等定量分析方法。

企業在進行生產需求預測時，一定要結合企業的實際，同時要從成本的角度去考慮，盡可能優先選用花盡可能少的錢、但能取得盡可能好的效果的方法。

### (三)生產計劃的類型

一般來說，生產企業在制定生產計劃時，都會考慮兩種類型：

⑴綜合生產計劃。綜合生產計劃是企業根據市場需求和資源條件對未來較長時間內產出量、人力規模和庫存水準等問題做出的決策、規劃和初步安排。綜合生產計劃一般是按年度來編制的，又稱爲年度生產計劃。

⑵主生產計劃。主生產計劃是在綜合生產計劃的基礎上制定的運作計劃，把綜合生產計劃具體化爲可操作的實施計劃。

綜合生產計劃與主生產計劃的比較如表 5-2-1 所示。

**表 5-2-1　綜合生產計劃與主生產計劃的比較**

| 名稱 | 目的 | 目標 | 任務 | 編制要點 |
|---|---|---|---|---|
| 綜合生產計劃 | 確定生產指標，編制出年度生產計劃表 | 1.成本最小、利潤最大<br>2.最大限度地滿足客戶要求<br>3.最小的庫存費用<br>4.生產速度的穩定性<br>5.人員水準變動最小<br>6.能充分利用設施、設備 | 對計劃期內應當生產的產品品種、產量、品質、產值和出產期等指標做出總體安排 | 1.確定計劃期內的市場需求<br>2.在預期生產能力約束下，考慮生產系統其他約束，擬訂初步計劃方案<br>3.比較不同計劃方案的成本，選擇一個成本最低的計劃方案 |

續表

| 名稱 | 目的 | 目標 | 任務 | 編制要點 |
|---|---|---|---|---|
| 主生產計劃 | 獲得爲實施該計劃所需的資源 | 確定企業生產的最終產品的出產數量和出產時間 | 把綜合生產計劃具體化爲可操作的實施計劃 | 1.主生產計劃所確定的生產量必須等於綜合生產計劃確定的生產總量<br>2.主生產計劃中規定的出產數量可以是總需求量，也可以是淨需求量<br>3.主生產計劃中應當反映出客戶訂貨與企業需求預測的數量和時間要求等信息<br>4.主生產計劃的計劃期一定要比最長的產品生產週期長<br>5.主生產計劃在決定生產數量和生產時間時，必須考慮資源的約束條件 |

綜合生產計劃的編制可以採用經驗法、試演算法、線性規劃法和電腦仿真法等。主生產計劃的編制一般採用試演算法，先編制一個初步計劃方案，看是否符合綜合生產計劃與資源約束條件的要求；若不滿足，再進行調整，直到合適爲止。因此，主生產計劃的制定過程是一個反覆測算的過程。

主生產計劃在生產計劃中扮演著一個重要角色，如圖 5-2-1 所示。在進行主生產計劃時，需要考慮可能不均衡的市場需求和企業關鍵資源的能力負荷情況，通過人工干預、均衡安排，從而得到一份既可滿足市場的總量需求，又能相對穩定、均衡的計劃。主生產計劃的穩定和均衡，可以保證物料需求計劃的穩定和勻稱。

圖 5-2-1 主生產計劃的重要作用

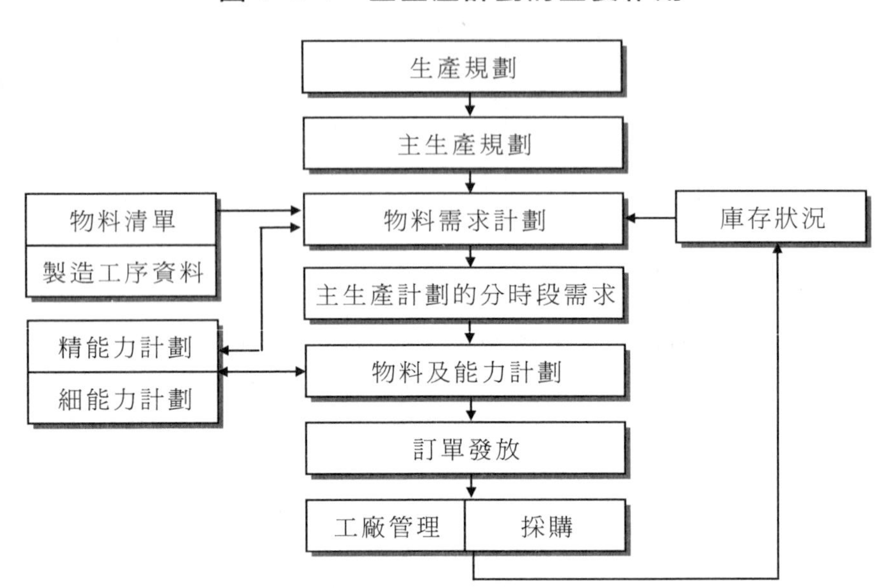


**（四）生產作業計劃的內容介紹**

生產作業計劃是生產計劃的具體執行計劃。它是把企業全年的生產任務具體分配到各工廠、工段、班組以致每個工作場所和員工，規定其在月、旬、週、日以致輪班和小時內的具體生產任務，從而保證按品種、品質、數量、期限和成本完成企業的生產任務。具體表現在以下幾個方面。

**1. 編制企業各層次的生產作業計劃**

生產作業計劃包括產品進度計劃、零件進度計劃和工廠日程計劃。要把企業全年分季的產品生產計劃，分解爲廠級和工廠的產品與零、部件月計劃，用零、部件生產作業計劃作爲執行性計劃，並做出工廠日程計劃，把生產任務落實到工廠、工段和班組，落實到每台機床和每名操作人員。

**2. 編制生產準備計劃**

生產準備計劃包括原材料和外協件供應、設備維修、工具準備、技術文件準備、勞動力調配等內容。

**3. 生產負荷率核算及平衡**

這裏的平衡與各項任務在設備上加工的先後順序直接相關，與工廠日程計劃直接相關。

**4. 制定或修改期量標準**

期量標準是指爲生產對象(產品、部件、零件)在生產過程中的運動所規定的生產期限(時間)和生產數量的標準。不同生產類型的期量標準不同，具體表現如表 5-2-2 所示。

**表 5-2-2　不同生產類型的期量標準**

| 生產類型 | 特點 | 期量標準 |
| --- | --- | --- |
| 大批量生產 | 產品的品種少而產量大 | 節拍、流水線工作指示圖表、在製品定額 |
| 成批生產 | 產品品種較多，而各種產品的產量大小不一 | 批量、生產間隔期、生產週期、在製品定額、提前期、交接期 |
| 單件小批量生產 | 產品品種多，每種產品的數量很少，而且不重覆或很少重覆生產，主要是根據客戶需要，按訂貨合約組織生產 | 生產週期、提前期 |

**5. 日常生產派工**

日常生產派工是指在生產作業準備做好後，根據安排好的作業順序和進度，將生產作業任務分解到各個員工的過程。

在進行生產派工時，要明確以下幾個方面：

⑴下達的工作命令要凸顯有效性，主要表現在目標簡單明瞭，使全體員工易懂易記，不會混淆，不易誤解，員工不相互推諉。

⑵以工作的輕重緩急安排優先順序，以達到最佳生產效率。

⑶前後工序的銜接及配套準備工作就緒。

某燈燭生產企業臨時新增一批生產任務，由於大部份熟練員工都被安排到其他生產線上，這批臨時業務只好讓幾名熟練員工帶領大部份新員工去做。結果原本計劃當天可以完成的任務，直到第二天下午才完成。

其實，如果派工不合理，如分工不明確、作業標準不清晰、將一名熟練員工所要做的事情派工到一名新員工那裏，都極有可能影響生產效率，會浪費大量的成本。因而，建立一套完善的派工制度就非常有必要了。

企業的派工制度通常包括改善動作分析方法、制定正確的作業標準、制定科學的標準工時等。常見的派工手段有以下幾種。

⑴分工、選工代替派工。強制派工很可能導致下屬的不滿。如果把工作分成幾等份，然後由員工自己挑喜歡做的工作，盡可能使其各取所需，這樣員工對工作的滿足度和忍耐度就會提升。

⑵短期輪流，長期差別待遇。對於沒人選的工作，短期內可以用輪流工作的方法，以取得平等；長期則要採取增加報酬等差別待遇的方式，以鼓勵員工選擇這項工作。

⑶分段式派工。分段式派工就是把工作分成三段，讓新員工迅速成爲熟練員工，主要用於新員工工作的教練工作。分段式派工可分成以下三段：重覆作業、調整作業、異常處理。

①重覆作業（約佔 95%）是指對於一個相同的作業，按照標準

重覆做。一段時間後，新員工就能迅速成長爲熟練員工，這樣就可對其派工了。

②調整作業（約佔 4.5%）包括調整溫度、壓力、時間、速度等，這需要經驗來判定，新員工可以邊做邊學。企業可以製作一個問答手冊，內容包括正常的標準、如何處理碰到的異常狀況、如何調整碰到的變化、對一些特殊情況的解決方法。一般在半個月到 3 個月的時間裏，新員工在邊做邊學的情況下就能熟練作業。

③異常處理（約佔 0.5%）是指從來沒有發生過的事，這需要積累經驗進行解決。

6.**檢查和控制生產進度**

要安排好每個工作場所與員工的生產任務和進度，跟蹤檢查、督促關鍵工作和拖期工作，並根據情況變化及時調整作業進度。

## 二、交貨期管理

交貨期管理是指企業按客戶簽訂的交貨期準時、保質、保量地交貨，並對生產進行統一控制的一種管理方式。生產主管在交貨期管理中起到了關鍵性的作用。爲了順利完成生產任務，生產主管必須加強生產交貨期管理，其中最主要的一項就是嚴格把控生產進度。

### （一）影響生產進度的因素

生產進度控制包括投入進度控制、工序進度控制、出產進度控制。影響生產進度的原因有很多，主要有以下幾個，這也是生產主管需要嚴格控制的幾個方面。

#### 1. 設備故障

如果設備三天一小修、五天一大修，時不時地「鬧情緒」，拒絕工作，那生產進度絕對有問題。如果長時間如此，生產成本會大大增加。例如，需要加大維修費用，需要支付因延遲而使員工加班的工資，甚至需要支付因交貨延遲帶來的違約金等。

面對設備故障時，生產主管所要做的是：

⑴嚴格要求操控人員遵照操作流程作業。

⑵全員設備保養，讓人人養成自覺保養設備的習慣。

⑶訓練企業的設備維修人員，讓人人都成爲熟練技術員工。

⑷加大 5S 管理執行力度，加強監督管理。

#### 2. 停工待料：供應不及時、前後工序銜接不好

停工待料主要是指由於生產計劃沒有做好，工序銜接不到位，或因爲突發性地增加生產量等原因，造成原材料短缺，而空機器又沒必要開啓，這就造成被迫停工待料的現象。生產主管要減少停工待料情況的發生，一般來說，應從以下幾個方面人手：

⑴仔細審核生產計劃，考慮企業的實際現狀，如生產能力、設備要求、人員要求、交貨時間等，確保生產通暢。

⑵審核操作流程，保證生產工序前後銜接得當，恰到好處。

⑶不斷增加新的供應商，以方便企業有更大的選擇餘地，當企業在發生緊急情況時，能夠保證生產的連貫性。

⑷建立有效的信息溝通機制。

**3. 品質問題：廢品率高於標準**

產品的品質對生產部門乃至整個企業的影響都是巨大的。對於生產企業來說，影響產品品質的原因有很多，主要有設備精度下降、材料問題、員工的人爲因素、加工技術問題等。

據美國品質協會統計，企業顯性品質成本一般佔總運營成本(不含原材料成本)的 25%以上，而隱性品質成本則是顯性品質成本的 3～4 倍。如果品質成本控制不好，將可能直接增加企業的採購成本、產品製造成本、庫存資金佔用成本、客戶服務成本，而間接導致客戶訂單的減少、企業信譽的降低。

因此，生產主管在控制品質問題時可採用的策略有：

⑴在進行原材料採購時，不僅要考慮成本因素，更要考慮價值因素。如果生產的產品品質低劣，原材料成本再低也是沒有什麼意義的。

⑵強化設備保養，隨時記錄設備精度，及時更換必要的零、部件，保持其精度。

⑶加強員工的作業技能培訓，使其嚴格按照操作流程生產，減少人爲因素的影響。

⑷優化技術流程，使其更符合企業生產的實際。

⑸善用 PDCA 循環等工具改善產品的品質。

某輪胎加工廠剛起步不久，好不容易簽下一家汽車製造廠的訂單。由於採購人員在採購時沒有控制好進貨管道，結果因爲一批橡膠是劣等品，生產出來的輪胎存在品質問題。在第一批輪胎送達汽車製造廠後，該廠快速檢驗出輪胎的原材料有問題，拒收這批輪胎並且堅決取消這筆訂單。

爲了平息此次事件，這家輪胎加工廠多次登門致歉，並且承諾：收回這批輪胎，立即改用新的原材料，同時免費額外提供與這一批同等數量的輪胎。這場危機才得以平息了。

**4.員工缺勤**

某些員工由於某些原因不得不請假或離職，尤其是熟練的技術員工，這種情況，一般會影響企業的生產進度。

一般來說，要想使員工缺勤而不影響生產，生產主管需要做好以下工作：

⑴培養多能工、多面手。雖然生產企業大多採取流水作業，一人專門負責某部份的生產任務，但這與培養多能工不矛盾。

⑵重新安排人員，調度一些熟練員工，或調非生產人員參與生產，盡可能彌補因員工缺勤帶來的損失。

⑶安排加班，將缺勤員工每日應該做的部份填補上。出於員工健康的考慮，這種方式一般不宜採用。即使採用加班的方式，也要盡可能讓員工調休，確保員工的身心健康。

⑷招募新員工，補充新鮮血液。

⑸延長工時或機時。

⑹外包。如果企業做不了或沒有信心完成，可採用外包的方式，借助同行的力量進行生產。

⑺改善生產條件、作業方式和員工的福利等，減少員工離職或缺勤情況的發生。

### （二）掌控生產進度的「6個」原則

生產主管怎樣才能更靈活地掌控生產進度呢？只需遵循「6勤」原則，如表 5-2-3 所示。

**表 5-2-3　掌控生產進度的「6 勤」原則**

| 6勤 | 內容 | 結果 |
|---|---|---|
| 勤觀察 | 員工的行爲 | 讓每個人都能按企業的規定去做，按操作流程作業 |
| | 設備保養及運轉情況 | 延長設備的使用壽命 |
| | 生產現場有無異常 | 將異常消滅於萌芽之中 |
| | 生產現場衛生狀況 | 將5S管理進行到底 |
| | 生產流程及生產工序 | 確保最優，使其銜接流暢 |
| | 安全問題 | 杜絕安全隱患 |
| 勤聆聽 | 員工的心聲 | 對工作環境、工作待遇等做出改善 |
| | 其他部門的回饋 | 各部門之間的溝通做到暢通無阻 |
| | 上級的要求 | 領會上級的意圖並能切實執行 |
| | 客戶的回饋 | 根據客戶的意見，調整生產策略、生產計劃等 |
| 勤詢問 | 生產進展 | 做到心中有數，確保生產計劃順利執行 |
| | 物料使用情況 | 確保物料及時供應 |
| | 員工的個人生活 | 關心員工，急員工之所急，需員工之所需 |
| 勤記錄 | 每日生產情況 | 及時發現並解決生產中的問題 |
| | 設備運轉情況 | 是否有停工情況，是否需要維護與維修 |
| | 異常發生的情況 | 方便查詢及總結教訓 |
| | 設備維修情況 | 對設備的現狀做出相應的處理方案 |
| 勤討論 | 不良品產生的原因 | 提高產品的品質 |
| | 不安全因素 | 培訓安全操作與防範知識 |
| | 效率不高的原因 | 提高生產效率 |
| 勤總結 | 經驗與教訓 | 好的進一步發揚，不好的努力改善 |

### （三）縮短交貨期的 4 種方法

遵守與客戶約定的交貨期是企業最基本的原則之一。企業能否正常交貨主要取決於生產現場，如設備是否出現故障、人員安排是否合理等問題。所以，在生產現場，生產主管必須想辦法解決所有問題，努力做到按期或提前交貨。

如果企業能夠縮短交貨期，那麼就會給企業：

⑴增加銷售，使經濟效益大幅提升。

⑵較同行業其他企業具有更有利的競爭優勢，可以獲取訂單方面的有利形勢。

⑶可以提高設備的運轉率，使設備的折舊週轉加快。

⑷有利於消除作業人員的空閒時間，提高人員的時間利用率。

⑸有利於承接其他外加工作業。

如果交貨期限已到，企業的產品尚未到達客戶處或尚未按訂單完成，那後果通常會比較嚴重：

⑴將會給客戶的生產造成困難，影響客戶的生產進度。

⑵將失去信用，導致客戶流失。

⑶會使生產現場士氣下降，降低生產效率。

⑷由於需要長時間加班，會導致員工的健康受損。

⑸可能會導致產品品質下降和成本提升。

那麼，有沒有辦法可以縮短交貨期呢？當然有。企業縮短交貨期主要體現在生產現場的日常工作中，生產主管可以通過以下幾種方法來實現。

#### 1.縮短生產線

一般情況下，在生產過程中，生產線越長就需要越多的員工、越多的在製品、越長的生產交貨期。同時，生產線上的員工越多就可能出現越多的錯誤，進而導致品質的問題。下面簡單的生活中的例子就能說明生產線爲什麼不是越長越好。

你想傳達一件事情給你的一個朋友。如果你當面說，或打電話，或發 E-mail，在短短的幾分鐘內就可以把問題說清楚。可如果你要讓另一個朋友甲轉達，而甲又讓乙轉達，乙又讓丙轉達給你這個朋友，這就會花很長的時間，而且會出差錯。

如果企業的生產線總長度平均比同行業長一倍，這樣就會比同行需要更多的人員，出現品質問題的機會也會大大增加，交貨期可能會比同行長得多，同時生產成本、人工成本都會大大增加。因此，適當縮短生產線對生產企業來說是比較有效的方法。

**2.縮短工時**

縮短工時也是縮短交貨期的一種有效方式。同時，縮短了工時，也會爲企業的員工提供更好的自由休息機會，這樣有利於提升員工的士氣，提高生產效率。一般來說，企業要想縮短工時，可以通過目標管理、即時回饋、多重考核等方式來進行。

目標管理的最大優點在於能使員工用自我控制的管理來代替受支配的管理，激發員工發揮最大的能力，提高員工的效率來促進企業總體目標的實現。實行目標管理後，每個人的權利責任更明確，員工參與意識加強，並且強調結果導向，有利於整體生產效率的提升。

某衛浴設備公司爲了充分發揮各職能部門的作用，充分調動全體員工的積極性，開始推行目標管理。首先，對部份科室實施了目標管理，經過一段時間的試點後，逐步推廣到全公司各工廠、工段和班組。一年後，該公司的經營管理環境得以改善，充分挖掘了公司內部潛力，增強了公司的應變能力，提高了公司整體素質，並取得了較好的經濟效益。

### 3.優化生產排程

某生產企業的生產主管離職後，新招聘一位生產主管。新生產主管上任後，立即發現企業的生產排程存在問題，於是根據大批量生產、成批生產、單件小批量生產的產品類型及訂單時限重新編排。雖然照以往的生產排程也可按期交付產品，但按改進後的排程進行生產，結果交付能力提升了 15%，生產成本減少了 20%。

很多時候，企業的生產排程並不是最佳的，只是企業沒有意識到。這就好比時間統籌一樣，計劃一天做 5 件事，但這 5 件事該如何安排才能最省時、最有效率，卻是一個值得思考的問題。優化生產排程的一個重要手段是準時生產(Just in Time，JIT)。

JIT 非常強調遵循生產的步驟和順序，強調它們之間的邏輯關係。JIT 是邊幹、邊思考、邊實踐、邊完善的產物，是從經營意識到生產方式、生產組織及管理方法的全面更新。

### 4.排除在製品滯留

在大批量生產中，很多生產主管強調開機率，對生產過剩問題不予關注。有的生產主管甚至認爲，生產過剩對提高生產力和節約生產成本是有利的。其實，這是錯誤的認識。事實上，在製品只有變成產品並且被客戶接受才會轉變成企業的收益。否則，無論在製品的產量有多大，只要還在企業的倉庫裏，就如同廢料。

爲什麼這麼說呢？這是因爲：

(1)在製品滯留過多，會延長交貨期。

(2)在製品滯留會讓部份資金處於停滯狀態。

(3)在製品會減少作業空間，降低生產效率。

(4)在製品會增加人工搬運作業的時間，同時也增加了產品的受損率。

⑸在製品會給盤點人員帶來一定的困難。

那麼，如何避免在製品滯留過多的問題呢？生產主管可採用如下對策：

⑴樹立「不積壓，要通暢」的意識。

⑵不要隨意安排生產通知單規定以外的品種及數量。

⑶制定小日程計劃和作業指示書，認真瞭解計劃實施進度。

⑷發現瓶頸工序並想辦法迅速消除。

⑸作業時，盡可能分成小批量傳遞，不要等作業單上指定的生產數量全部完成後才傳遞下一工序。

⑹配備專職的搬運人員。

### （四）交貨期延遲的補救措施

#### 1.交貨期延遲的原因

造成企業交貨期延遲的原因是很多的，主要有以下幾個方面：

⑴緊急訂單增多且交貨期短，致使準備不足，倉促投產，引發混亂。

⑵產品設計或技術變更頻繁，生產作業缺少明確的指導思路。

⑶物料計劃不週，供料不及時，出現停工待料現象。

⑷生產過程控制不力，次品率增多，影響了交貨期。

⑸生產排程不合理。

⑹設備故障多、工具管理不善等也會對交貨期產生重大影響。

⑺產能不足、作業分配失誤導致交貨期延遲。

#### 2.交貨期延遲的補救措施

如果企業延遲交貨期，一定要及時補救。常見的補救措施有：

⑴延長作業時間，及早完工，可採取加班、休息日工作、兩班制、三班制等策略。

⑵對換產品生產順序，即將主要延期的產品優先生產，將不著急的產品延後生產。

⑶可分批生產，即生產出來一批後給客戶提供一批，盡可能減少客戶的損失。

⑷同時使用多條流水線生產。

⑸請求其他部門的支持，即必要的時候，借用非生產部門的人進行生產，以求儘早完工。

⑹外包，即如果延期產品太多，即將到期的產品又多，臨時堆積如山，外協是最好的辦法。

## 三、作業改善

作業改善是多方面的，環境、技術、技術等都是企業應該考慮的對象，企業可以同時進行多方面的改善活動。

### （一）改善作業環境

我們生存在大自然爲背景的大環境中，而企業的員工生存在以企業爲背景的小環境中。因此，環境與我們的生活息息相關，與企業的生命也息息相關。

任何生產企業都可會產生環境污染。污染種類很多，常見的有廢氣、廢水、廢渣和雜訊污染、光污染等。減少環境污染，企業的生命力會更長久，企業的總體成本會大大降低。之所以這樣說，主要是因爲：

(1)如果污染嚴重，而且治汙能力跟不上，勢必會受到上級部門的干預，並採取強制性措施，輕則罰款，重則停產整頓。

(2)如果污染嚴重，週圍的生態會發生改變，「城門失火，殃及池魚」，企業要爲生態環境破壞埋單。

(3)如果員工長時間在嚴重污染的環境中工作，身體健康會受到嚴重損害，會降低生產效率，企業還要爲員工的健康埋單。

(4)如果企業能從一點一滴的環保工作做起，企業每年都會節約大筆的開支。

其實，我們的工作環境包括各種因素，如物理、社會、心理、環境因素等。工作環境對人的影響及改善措施舉例如表 5-2-4 所示。

**表 5-2-4　工作環境對人的影響及改善措施舉例**

| 工作環境 | 產生的環境污染 | 對人的影響 | 對生產的影響 | 保護或改善措施 |
|---|---|---|---|---|
| 操作粉碎機 | 雜訊 | 聽力下降/精神分裂 | 效率低/不安全 | 戴耳罩/耳塞 |
| 操作震動機 | 震動 | 肌肉疲勞/精神分裂 | 效率低/不安全 | 輪休 |
| 高溫作業 | 氣候變暖 | 中暑/脫水 | 中斷生產 | 通風/降溫/飲鹽水 |
| 低溫作業 | — | 凍傷/肌肉痙攣/婦女病 | 中斷生產 | 保暖/調崗 |
| 使用危險品 | 洩漏 | 使人畸形，癌變 | 無法工作 | 戴防輻射用品 |
| 光線不明作業 | — | 視力下降 | 效率低/產品品質差 | 增加照明 |
| 光線過明作業 | 光污染 | 損害視力/精神分裂 | 中斷生產 | 更換照明器材 |

那麼，企業應如何改善作業環境呢？

**1. 樹立全員環保意識**

雖說環保經常出現在新聞媒體、人們的言辭話語中，但是真正有意識進行環保的又有幾個人？因此，環保意識的樹立，對企業來說非常重要。

關愛我們生存的環境，等於關愛我們的生命。如果企業想讓全體員工認識環保的重要性，就必須有意識地進行環保培訓，培訓一些環境保護的知識，讓人人養成環保的習慣。企業的高層管理人員應明確環保的意義、目標及指標等；企業的中層管理人員應明確工作的環境因素、環境管理方案等；全體員工應不斷加強環保意識，瞭解工作對環境的影響；可能對環境產生影響的人員要進行崗前培訓。

**2. 從節約水電做起**

很多人一聽環保就認爲太大、太空，其實環保可以從很多細節做起，可以從一點一滴做起，如節約水電。如果生產企業每個人每天節約一杯水，一年可能就會節約幾百噸水。

**3. 回收再利用**

生產企業經常有許多生產廢料、邊角料、廢舊的半成品、次品等，從成本控制的角度來看，應該分門別類，取其有用之材進行回收再利用。

某炊具生產企業在加工時產生大量的金屬碎屑及邊角料，企業將其收集起來並返回原材料供應商，雖以極低的價格換取新的原材料，該企業一年就可以有效節約原材料採購資金達到 70 萬元。

**4. 建立環境管理運行機制**

企業要制定環境管理目標指標項，建立相應的監測機制，進行定期監測，並對監測結果進行評價，以瞭解環境管理的實施狀況，發現問題並持續改善。

### （二）改善生產現場

生產現場是企業成本控制的關鍵點之一。通過對生產現場進行持續改善，可以有效進行成本控制。生產現場需要改善的地方很多，包括人員、物料、設備、能源等所有與生產系統相關的方面，都可以進行再設計，使其穩定化。

生產現場改善的工具主要包括以下幾個方面。

**1. 現場改善的重要基礎——5S 管理**

企業應用 5S 管理，即整理、整頓、清掃、清潔、素養，側重於作業環境的改善，並進而提升員工的整體素養，達到提高生產效率、降低成本的目的，可以說是現場改善的基礎。當然，對於尚未實行 5S 管理的企業而言，5S 管理就是最爲實用的工具。

**2. 現場改善的有效工具——VE**

價值工程(Value Engineering，VE)，側重於功能分析，力求以最低的壽命週期成本，可靠地實現產品或作業的必要功能的、有組織的創造性活動。

價值工程有一個重要的公式，即：

$$V=F/C$$

功能 F，指產品或作業的功用、效用、作用、能力等。

壽命週期成本 C，包括構思、設計、製造、銷售、使用、直至報廢爲止的總費用。價值 V，指評價某一事物與實現它的耗費相比合理程度的尺度。

V=1，功能與成本相當，理想情況。

V＞1，成本偏高，零、部件應爲改進對象。

V＜1，功能過剩，零、部件爲改進對象。

一般來說，企業在選擇 VE 活動對象時因角度不同，對象也不同，如表 5-2-5 所示。

**表 5-2-5　VE 活動對象的選擇角度**

| 角度 | 選擇對象 |
| --- | --- |
| 市場角度 | 1.對企業利潤有重大影響的主要產品和部件<br>2.客戶意見大的產品<br>3.返修率高的產品<br>4.進入衰退期的產品 |
| 設計角度 | 1.結構複雜，設計與技術落後的產品<br>2.性能較差的產品<br>3.設計存在嚴重缺陷的產品 |
| 生產角度 | 1.品質低劣，成本過高的產品<br>2.體積大、重量大、用料多的部件<br>3.用料貴重，耗用稀缺資源多的部件 |
| 實施角度 | 1.情報資料易於收集齊全的產品<br>2.在技術方面有優勢的產品<br>3.改進牽涉面不大、不需要大量人力、物力的產品<br>4.易於成功的產品 |

**3. 現場改善的有效工具——IE**

工業工程(Industrial Engineering，IE)是對綜合人員、物料、設備、能源等所有系統進行設計、改善、穩定化，主要應用於工程分析、工作標準、動作研究、時間研究、時間標準、價值分析、工廠佈置、搬運設計等。它以系統設計的改善與穩定化作爲重點。

IE 的七大手法是操作程序圖、流程程序圖、產品流路線圖、人機配合分析圖、動作經濟原則、時間研究、生產線平衡。

IE 七大手法的主要目的是消除生產現場的浪費，更輕鬆、更快速、成本更低地提供優良的產品和服務。

推行 IE 要遵循以下幾點基本原則，即剔除不需要的項目、合併歸類需要的項目、輕重緩急合理排配、舉重若輕化繁爲簡。

### （三）加強技術改造與創新

如今是科技時代，技術成了企業的生命之源。由於技術更新換代比較快，因此企業也要加快技術改造和技術創新的步伐，以滿足時代發展和企業發展的需要。

技術改造主要是爲了提高企業的經濟效益，提高產品品質，增加品種，促進產品升級換代，擴大生產規模，擴大出口，降低成本，節約能耗，加強資源綜合利用、三廢治理、工作安全等，採用先進的、適用的新技術、新設備、新材料等，對現有設備、生產技術條件進行改造。

創新包括引入新產品或提高新產品的品質，採用新的生產方法，開闢新的市場，獲得新的供給來源，實行新的組織形式。技術創新是指由技術的新構思，經過研究開發或技術組合，獲得實際應用，並產生經濟效益、社會效益的產業化全過程的活動。

生產企業以工廠的合理化建議爲主要內容的技術創新是專業技術人員直接參與，結合生產中碰到的困難和問題，進行反覆認證，提出合理化的建議和改進方案。

對於以設備、工裝、模夾具及產品等爲內容的技術創新，有多年操控經驗的員工參與，提出改進性方案，同時開展「五小」(小竅門、小建議、小革新、小改造、小發明)活動。變是永恆的不變，只有不斷變化的東西生命力才更長久。作爲生產企業最具核心競爭力的技術，在不斷創新中才獲得永生。

## 第三節　現場物流環境的改善

工廠現場物流環境的佈局和設計會對生產效率產生直接影響，並影響到現場物流費用的高低，因此，工廠應不斷地優化物流環境設計，提高工作效率，達到控制現場物流費用的目的。

本方案適用於生產現場物料搬運路線優化、物料暫存庫庫位優化工作。

### 一、生產現場物料搬運路線優化

#### (一)物料搬運路線優化原則

1.流動性原則，即路線設計結點流暢、佈局合理，保持物料運轉的流動性。

2.連續性原則，即合理設置物料存放和使用的位置，減少搬運次數，保持搬運動作的連續性。

3.最短距離原則，即避免路線無效環繞情況，縮短搬運距離，提高物流效率。

4.系統化原則，即通道寬度應與搬運工具的大小以及載重量相匹配，便於開展搬運作業。

### (二)物料搬運路線常用類型

1.直達型，指物料從起點到終點經過的路線最短。直達型路線適合於物流量大或特殊要求的物料。

2.管道型，指物料在預定路線上移動，與來自不同地點的其他物料一起運到同一終點。管道型路線適合於佈置不規則或搬運距離較長的物料。

3.中心型，指各物料從起點移動到中心分揀處，然後再運到終點。中心型路線適合於物流量小且搬運距離長的物料。

### (三)生產現場物料搬運七條路線

1.物料從缺貨台搬運到待檢區。

2.物料從待檢區搬運到良品區或不良品區。

3.物料從良品區揀出，移送到生產配料區。

4.物料從生產配料區搬運到生產線上。

5.物料隨加工活動而移動。

6.成品從生產線搬運到成品暫放區。

7.成品從生產暫放區移動到成品倉庫入庫。

### (四)物料搬運路線常見問題

1.搬運通道不暢通，無交叉點或交叉點銜接不合理。

2.搬運路線曲折、環繞，增大作業時間成本。

3.搬運容器不標準，需搬運的物料與選用的搬運工具性能參數不符合。

4.搬運設備缺乏柔性，不能滿足變動的搬運需求。

5.搬運系統與生產系統不均衡，人、機、物三者生產力水準失衡，造成資源浪費。

## 二、生產現場物料暫存區庫位優化

### (一)庫位優化原則

1.流暢性原則，即區位與運輸通道銜接良好，並符合搬運工具對作業場地的要求。

2.分類原則，即對不同類別的物料分區存放。

3.方便原則，即使用頻繁的物料應配置於進出便捷的區位。

4.先進先出原則，即確保物料流轉符合先進先出要求。

### (二)庫位說明

根據分類原則，現場物料暫存庫的庫位應劃爲以下七個區域。

**表 5-3-1　物料暫存區庫位劃分說明**

<table>
<tr><td>待檢區</td><td>放置待檢驗的生產物料</td><td rowspan="2">不同用途的物料分類放置</td></tr>
<tr><td>良品區</td><td>放置經檢驗後將投入生產的物料</td></tr>
<tr><td>不良品區</td><td>放置作業前或作業中發生的不良物料</td><td>應與良品進行適當隔離，以防誤用</td></tr>
<tr><td>半成品區</td><td>用來放置或轉移半成品、零件等</td><td>同一類產品歸類放置，並進行標識</td></tr>
<tr><td>成品待檢區</td><td>用來放置待檢驗的成品</td><td rowspan="2">同一客戶的產品放在同一區域，並進行標識</td></tr>
<tr><td>合格成品區</td><td>用來放置驗驗合格待入庫的成品</td></tr>
<tr><td>不合格成品區</td><td>用來放置檢驗不合格的成品</td><td>定期進行處理</td></tr>
</table>

### （三）庫位標識要求

1.現場管理人員應依區位配置情況繪製「區位標示圖」，並懸掛於現場明顯處。

2.每個區位應用指定顏色進行標識，並在標識牌上標註該區位放置物要求。

3.區位內存放的物料應在指定位置標識物料的名稱、規格、數量和保管要求等信息。

## 第四節　物流過程的浪費控制

生產物流費用管理的關鍵在於控制和減少物流活動過程的浪費，工廠現場管理人員應通過消除不產生附加價值或即使產生價值、所用資源超過「絕對最小」界限的物流活動，提高效率，有效地控制物流費用。

### 一、現場物流浪費的識別方法

#### （一）從「人員」的角度考慮

根據對生產現場工作人員的工作分析結果，判斷其工作對價值創造活動的作用，以此爲依據調整崗位設置、人員佈局，避免組織過度臃腫。

### （二）從「設備」的角度考慮

設備的配備將直接影響現場物流的工作效率，工廠應定期進行設備檢查，及時清理閒置設備、報廢設備，確保設備配備精良、運轉良好。

### （三）從「庫存」的角度考慮

庫存品包括生產原材料、半成品、產成品，生產現場臨時庫管理人員應做好庫存清點和保管工作，確保物料供應滿足生產需求，成品週轉及時。

### （四）從「方法」的角度考慮

只有正確的方法才能夠爲生產活動創造附加價值，現場管理人員可通過規範作業流程和動作標準、設立科學的衡量基準、加強人員培訓等方式推廣良好的工作方法，提升效率。

## 二、常見物流過程的浪費

工廠生產現場過程中的浪費現象主要體現爲以下幾方面。

### （一）等待時間過長造成的浪費

等待時間過長造成的浪費主要是指因前一道工序的零件尚未運達或欠缺等原因而無法進行加工作業所引起的浪費，以及因用料計劃安排不當而導致物料供應延遲所引起的浪費。

### （二）搬運過程造成的浪費

搬運浪費指由於存在不必要的搬運距離，或是暫時性的放置場堆垛、移動等所產生的浪費。

### （三）庫存管理不當造成的浪費

指因生產現場臨時庫的管理不當所引起的二次庫存費用、庫存呆滯損耗等。

## 三、消除浪費的主要措施

### （一）合理佈局空間

生產現場的搬運路線規劃、庫位安排將直接對物流成本產生影響，工廠應根據生產流程、物料特性、搬運工具等因素進行生產現場的物流環境設計，通過降低空間佔用、縮短搬運距離、增大儲存量達到控制物流成本的目的。

### （二）減少無效工作

1.設定工作標準

通過工作標準對現場物流工作內容、工作方法以及品質要求進行明確，以保證每一個環節的物流活動具有價值。

2.明確工作流程

工作流程應對各環節交接要求和程序作出說明，在保持生產過程物料供應流暢的同時，減少搬運次數、降低二次庫存產生的費用。

### （三）控制裝卸搬運活動

因裝卸搬運產生的時間和費用在整個現場物流活動中佔有較高比例，對裝卸搬運活動的控制可從以下幾方面進行。

1.減少裝卸作業次數。

物流設備類型、裝卸作業組織調度水準是影響裝卸次數的主要因素，工廠可通過引進先進物流設備、提高調度水準來提高裝卸效率，並通過合理設計生產技術流程增強各工廠、工段環節間的生產連續性。

2.縮短搬運路線距離。

通過合理分配庫位、規劃搬運路線縮短搬運距離，達到節省工作消耗、縮短搬運時間和減少搬運中的損耗的目的。

3.充分利用機械工具。

根據物品的種類、性質、形狀和重量確定適當的搬運工具，通過機械化提高工作效率。

### （四）管好物料流轉

物料的流動是保證持續生產的基礎，生產現場物料過多會引起場地佔用、資金佔用以及管理費用，而臨時庫物料的短缺又會造成生產的中斷。管好物料流轉可從以下幾方面入手。

1.控制物料消耗、節約物料使用。

爲控制物料消耗，工廠應爲每件產品確定一個物料消耗數據合理界限，即物料消耗量標準，作爲控制的依據，並嚴格執行工廠的《領料控制辦法》，以確保物料使用在可控範圍之內。

2.制定呆料處理措施。

呆料應根據物料的性質、用途的具體情況處理，一般處理方法包括調撥給其他工廠使用、修改後再利用、退回供應商處、打折出售等。對於以上方法都不適用的物料，如需報廢，應按工廠報廢程序處理。

### （五）加強成品保管

成品在臨時庫的儲存將會直接產生保管費用，同時存在品質變異、破損變形、價值下跌的風險。臨時庫管理人員應加強成品管理，做到庫存週轉及時、先進先出、不滯留、不積壓。

## 四、杜絕浪費惡性循環

要杜絕浪費惡性循環，工廠除了要制定避免浪費的規章制度並在設備上加以限制外，更重要的是要樹立工作人員的節約觀念並加強監督檢查機制，從想法上提升認識、從行動上加以控制。

心得欄 ----------------------------------------

----------------------------------------

----------------------------------------

----------------------------------------

----------------------------------------

----------------------------------------

# 第 6 章

# 物流環節怎樣減少浪費

## 第一節　物料運輸費用控制方案

運輸費用的控制措施，如下：

**1. 選擇合適的運輸方式**

運輸工具的速度、承載能力和運價將會對運輸成本產生直接影響，在保證貨物按時到達的前提下，工廠應依據物料特性、數量和用料情況選擇合適的運輸方式，合理安排運輸。運輸工具選用說明如下表所示。

**表 6-1-1　運輸方式比較表**

| 工具<br>項目 | 鐵路 | 公路 | 水運 | 空運 | 管道 |
|---|---|---|---|---|---|
| 承載能力 | 很大 | 小 | 很大 | 較小 | 大 |
| 運送速度 | 較慢 | 一般 | 較慢 | 快速 | 快速 |
| 運輸價格 | 較低 | 一般 | 低 | 局 | 高 |

續表

| 工具<br>項目 | 鐵路 | 公路 | 水運 | 空運 | 管道 |
| --- | --- | --- | --- | --- | --- |
| 靈活性 | 路線同定，靈活性差 | 靈活，能實現「門到門」服務 | 容易受資源分佈影響 | 航班較多 | 固定投入成本大，靈活性差 |
| 受自然災害影響情況 | 受自然災害影響很小 | 容易受雨、雪災害影響 | 受狂風、暴雨和水霧氣候影響較大 | 受大霧影響較大 | 不受自然災害影響 |
| 適用情況 | 幾乎適合所有的大批量貨物 | 適合批量較小的短途貨物 | 適合運送煤、鐵、石油等大宗貨物 | 適合運載價值高、運費承擔能力強的貨物 | 適合輸送氣體、液體和粉狀固體的物質 |

2. **運價控制**

對於運輸活動，特別是遠途運輸，工廠應對承運商的承運能力進行考察，同時掌握市場報價水準，通過比價選擇價格具有競爭力的承運商，通過運價控制達到降低成本的目的。

3. **訂購批量控制**

較大的訂購批量能夠使工廠獲得價格折扣、發揮邊際運輸成本遞減效應，並能有效避免負載不充分產生的浪費，但同時也要考慮訂貨量與倉儲成本的二律背反關係，追求總體利益最大化。

4. **供應地點選擇**

供應地點對運輸距離將產生直接影響，工廠應選擇合適的供應地點，科學地規劃運輸網路，整合網路內資源，優化運輸能力，從整體上降低運輸費用。

**5.合約簽訂控制**

工廠應與承運方簽訂合約，對運輸費用的承擔範圍進行明確，以避免因貨物丟失損壞、延期送抵等原因造成雙方糾紛和費用的產生。

## 第二節　商品配送費用控制辦法

### 第1章　總則

第1條　目的

爲降低工廠銷售物流成本，有效控制商品配送費用，特制定本辦法。

第2條　適用範圍

本辦法適用於工廠商品配送費用的管理工作。

第3條　人員職責

1.配送中心負責配送費用的統計、匯總，並進行初步審核。

2.財務部負責運輸費用的最終審核與結算。

第4條　商品配送費用的主要構成

1.運費

運費是對配送工作所產生的勞動耗費和生產工具耗費的補償。

2.運雜費

運雜費是指配送過程發生的裝卸費、中轉費、保險費、路橋費等費用。

## 第 2 章　運費支付控制

第 5 條　運費匯總

配送中心核單員及時收回運輸單據並進行核對，每週四之前整理好上週費用明細，並分兩次(每月 15 日和每月月底)將運費清單交到財務部。

第 6 條　運費核算

財務部收到運費清單後，應立即核對配送單據是否有效、完整，運費計算標準和金額是否正確無誤。

第 7 條　運費審核

財務部核對單據後交給配送中心經理審核，由其確認各承運車隊是否有遺留問題並做出批示。

第 8 條　運費確認

運費清單經配送中心經理審核後交客服部經理，由其確認各承運商是否有尚未解決完的售後投訴問題。

第 9 條　運費結算

客服部經理審核通過後，由財務部經理審核總運費是否超出定額，若在定額範圍內，經財務部經理簽字後，即可辦理運費結算；若超出定額，需經工廠總經理簽字後方可結算。

## 第 3 章　運雜費管理

第 10 條　過路過橋費的收取

1.配送中心應明確劃分免費送貨區域，並制定區域外送貨費用收取標準，並要求銷售人員掌握此標準。

2.銷售人員應在交易達成時，根據客戶送貨要求，告知工廠送貨標準，並在銷售票據上註明收費金額。

3.如在送貨過程中發生此費用，銷售人員應引導客戶至服務台交費，並要求收銀員開具一式四聯的收據。

4.送貨司機將貨物送至客戶指定地點後，應將過路過橋費結算聯與提貨聯交用戶簽字後一併收回，過路過橋費結算聯由承運人保管，於每月 30 日前憑收據至財務部將費用領回。

第 11 條　除配送中心經理外，工廠其他部門和人員一律不得擅自租用社會車輛。

第 12 條　運輸車隊一次性發生運雜費超過 1000 元的，必須上報配送中心經理審批。

第 13 條　財務部在結算運費時，如經辦人手續不全不得爲其辦理結算。

## 第 4 章　二次運費的管理

第 14 條　二次運費產生原因

工廠實行二次運費分類擔責制，配送中心應通過分析二次運費產生的原因進行歸類，並嚴格依照單據進行申報與結算。二次運費產生原因分析表如下所示。

**表 6-2-1　二次運費產生原因分析表**

| 原因 | 具體分析 |
| --- | --- |
| 我方原因 | 商品或客戶信息記錄錯誤，配送中心相關人員工作失誤等 |
| 承運方原因 | 因服務不規範、服務不到位導致客戶拒收，送貨前未與客戶聯繫導致的送貨問題 |
| 用戶原因 | 客戶不滿意退貨及選擇商品的失誤等 |
| 配送外殘原因 | 送貨到客戶家時外包裝完好，但開箱驗貨時發現商品的包裝外殘等 |

第 15 條　二次運費的承擔

1.由於我方原因造成的，二次運費由我方相關責任人承擔。

2.由於承運方原因造成的，不予結算二次運費，並按相關條例追究當事人的責任。

3.由於用戶原因造成的，二次運費由用戶承擔。

4.由於送達後發現外殘造成的，按額度進行分析，額度內的部份給予結算二次運費，超出額度的部份一律不予結算二次運費。

第 16 條　二次運費控制措施

1.送貨人員領到「派車單」後，必須主動與客戶聯繫，核對客戶姓名、電話、商品信息是否一致，並提醒客戶做好接貨準備。

2.凡在配送中心出庫發送的各類商品，需要開箱檢驗的，在出庫時可以開箱查驗外觀；外包裝完好的，不需查驗，直接裝車送出。

3.商品出庫時，送貨人員必須仔細核對商品型號、數量是否一致。

4.商品送至客戶指定地點，外包裝完好但商品有外殘，客戶要求調換的，送貨司機經配送中心經理簽字同意調換商品後，必須將已調換的商品開箱檢驗，確認無外殘後方可再次送貨。如違反此流程而發生二次運費，工廠配送中心不予結算。

5.若外包裝箱因送貨人員開箱操作有誤而損壞，產生的損失由送貨人員賠償，工廠配送中心不予結算。

第 17 條　二次運費結算流程

1.送貨人員在送貨過程中，產生二次運費時，必須有客戶書面證明。

2.送貨人員將「送貨單」和客戶證明交給核單員，核單員根據事實初步判別二次運費是否符合規定，並確認產生原因和責任人。

3.如果是人爲原因造成的，由工廠配送中心經理協調各部門負責人落實運費。此類費用由責任人上交配送中心，配送中心根據證明及簽收手續建立檔案備查，不需報財務部。

4.屬工廠支付範圍(如產品品質原因)的二次運費，每月隨運費結算由配送中心核單員統計並上報。

5.沒有單據或證明的二次運費，一律不予結算。對於私自僞造相關單據或證明的，除不結算運費外，還要對當事車輛進行停運直至解除合約，並處以當事人罰款。

心得欄

# 第7章

# 如何減少物料浪費

## 第一節　如何減少生產現場物料浪費

### (一)目的

爲加強對生產現場物料的管理控制，發現班組在生產現場存在的物料無效耗用現象，消除導致物料浪費的因素，減少浪費損失，降低生產成本，特制定本方案。

### (二)明確現場改善與浪費控制職責

生產現場改善小組負責領導生產物料浪費控制工作，各工廠及相關部門及人員需在其指導下開展物料使用，節約作業，減少浪費。

表 7-1-1 生產現場改善小組成員及職責説明

| 總職能 | 組成人員 | 角色 | 對物料浪費控制的職責 |
| --- | --- | --- | --- |
| 落實、檢查現場改善工作開展情況，並進行指導和監督 | 生產副總 | 組長 | 1.負責物料浪費控制工作的年度計劃與目標，並組織實施<br>2.審批確認生產工廠物料浪費控制計劃、成本降低目標等，並對執行情況進行監督、檢查 |
| 根據實際生產現場作業情況，制訂現場改善計劃和目標，編制現場作業管理規範並嚴格檢查、監督執行情況 | 生產部經理 | 副組長 | 1.根據實際生產現場作業情況制訂物料浪費控制計劃<br>2.負責組織編制物料消耗定額，並將其運用到生產作業中<br>3.負責編制生產物料使用指導書 |
| 對所轄工廠的現場改善工作負責，提出工廠生產改善方案 | 工廠主任 | 組員 | 1.在生產部經理領導下，對所轄工廠物料浪費控制工作負責<br>2.根據本工廠在物料浪費控制、節約生產成本方面的潛力或存在的問題，提出可行性方案 |
| 對所在班組的現場改善工作負責 | 班組長 | 組員 | 1.對所在班組的物料浪費控制工作負責<br>2.根據實踐經驗提出控制物料浪費的新方法、新思路 |
| 指導規範化生產作業，改善現場技術流程 | 技術員 | 組員 | 1.指導生產作業員嚴格按作業規範、規程操作，定額使用生產物料<br>2.對生產技術、技術線路方面的改進潛力或存在的問題提出改進提案，以不斷優化生產技術，減少物料浪費 |

續表

| 總職能 | 組成人員 | 角色 | 對物料浪費控制的職責 |
| --- | --- | --- | --- |
| 負責現場生產改善相關行政、後勤工作，如開展宣傳、協助培訓、工作記錄等 | 生產部行政人員 | 組員 | 1.負責協助人力資源部進行日常教育與培訓工作<br>2.負責制作或外聯製作生產現場懸掛的減少浪費，節約生產的宣傳標語、橫幅等<br>3.負責材料浪費控制的工作記錄和成果考核統計 |

## (三)控制現場物料浪費的指導工作

本著使生產現場的人、財、物、設備、信息、時間毫無浪費地爲產品的生產加工發揮其應有作用的思想，工廠應不定時地對生產現場進行檢查，以便及時發現物料的無效耗用現象。

## (四)分析物料浪費存在的原因，採取相應的對策

工廠常見的物料浪費現象有著不同的表現形式，應根據其顯隱性特徵進行歸類、分析，明確各種浪費存在的原因，並採取相應的對策。

**表 7-1-2　物料浪費存在的原因及相應對策表**

| 類別 | 原因 | 可採取的對策 |
| --- | --- | --- |
| 直接產生物料浪費 | 1.作業人員加大用量 | 針對物料投入量、消耗量等編制明確的技術文件，並檢查工人的執行情況 |
| | 2.可使用次一級品質的物料時卻用了高一級品質的物料 | 產品試製時，做好產品物料試驗工作，並對可用的物料品質、規格、型號給出明確的規定 |

續表

<table>
<tr><td rowspan="5">直接產生物料浪費</td><td>3.加工錯誤而改制或報廢</td><td>對作業人員進行作業標準、技能方面培訓，直至其操作熟練無誤，方可允許其上生產線</td></tr>
<tr><td>4.人爲損壞</td><td rowspan="2">加強倉庫及生產現場的物料保管工作，專人、專職、專責</td></tr>
<tr><td>5.物料丟失</td></tr>
<tr><td>6.物料變質、過期</td><td>1.加強物料在倉庫及現場的存儲保管<br>2.採取「先進先出」的領發料原則</td></tr>
<tr><td colspan="2"></td></tr>
<tr><td rowspan="9">間接產生物料浪費</td><td>1.因焊接點增加帶來相關物料浪費</td><td rowspan="4">在保證和提高產品品質的前提下，改進產品結構設計，減輕產品自重，減少多餘功能，降低邊角料損耗</td></tr>
<tr><td>2.連接過多造成的物料浪費</td></tr>
<tr><td>3.多餘功能造成的物料浪費</td></tr>
<tr><td>4.設計不合理使邊角料損耗增大</td></tr>
<tr><td>5.操作不合理使邊角料損耗增大</td><td>對作業人員進行作業標準、技能方面培訓，直至其操作熟練無誤，方可允許其上生產線</td></tr>
<tr><td>6.工序問題造成的物料浪費</td><td rowspan="2">推行技術改造，採用先進設備、先進技術來代替落後陳舊的設備和技術，從而降低物料的技術性損耗</td></tr>
<tr><td>7.設備問題造成的物料浪費</td></tr>
<tr><td>8.因物料規格不合格使其綜合利用率不高</td><td>加大物料進庫檢驗、投入生產前的檢驗力度，確保投入生產的物料符合要求</td></tr>
<tr><td>9.因產品自身特點而使得物料綜合利用率難以提高</td><td>推進產品更新換代工作，把笨、大、粗的產品改進爲精、小、巧的高效能新型產品</td></tr>
</table>

續表

| | | |
|---|---|---|
| 間接產生物料浪費 | 10. 原定物料供應不足，採用替代性物料而造成的浪費 | 針對原定物料設置安全庫存量，建立並健全物料安全庫存預警制度，以便及時採購 |
| 隱藏的物料浪費 | 1. 大量囤積暫時不用的物料，積壓資金 | 加強生產計劃均衡和物料需求分析工作，合理地制訂物料需求計劃 |
| | 2. 在製品過剩造成的浪費 | 1. 加強生產計劃管控<br>2. 將在製品的零件儘量設計製作成通用件，以便於過剩在製品的運用 |
| | 3. 半成品週轉過慢，物料不能很快變成產成品，不能很快成爲有價商品 | 優化半成品與成品的轉化流程 |
| | 4. 因統計不準確而造成超量生產 | 1. 改進技術，如增加計數器<br>2. 加強工廠核算員的培訓與考核工作 |

### （五）加強物料浪費控制相關人員的責任考核

對於工廠和工廠內有關物料管理的責任人員，凡是能考核其減少浪費情況和節約率的，應定期考核其實際達成與目標值的差異。

1. 對於工廠主任、班組長、技術管理員等人員，可採用物料消耗定額達成率等指標進行考核。

2. 對於生產一線的作業工人，可採用因操作失誤造成物料損失的金額等指標進行考核。

## 第二節　根據生產任務，決定物料需求

根據生產任務決定物料的需求，是進行物料管理的第一步，可以減少庫存量，避免不必要的物料積存和浪費。

物料的需求如果不遵循一種規律進行控制，極有可能會造成缺少或者庫存的積壓。

制訂企業的物料需求計劃，可以從根本上解決庫存上的問題。

掌握物料需求計劃的特點，對於物料使用有很大的幫助。整理起來，物料需求計劃主要有以下三個特點。

(1)需求的相關性。表現爲物料需求數量、需求時間、技術等方面。

(2)需求的確定性。需求都是根據主產品進度計劃、產品結構文件和庫存文件精確計算出來的，品種、數量和需求時間都有嚴格要求，不可改變。

(3)計劃的複雜性。要求根據主產品的生產計劃、產品結構文件、庫存文件、生產時間和採購時間，來制訂物料需求計劃。

### 一、物料需求計劃的準備工作

制訂物料需求計劃主要從生產計劃表、物料資料庫、物料清單、庫存量等方面進行準備。

**1. 生產計劃表**

生產計劃表分為季、月、周生產計劃表。計劃表內應有生產單號碼、品名、數量、生產日期等內容。

**2. 物料資料庫**

儲存一切有關成品、半成品與材料的各種必要資料，如物料名稱、ABC 物料分類表、採購前置時間等，用來方便物料需求計劃的制訂與實施。

**3. 物料清單**

主要對物料資料庫的各種資料進行分析和整理。如：整理和計算產品所需要的零件和數量等。

**4. 庫存量**

根據物料資料庫以及物料清單等物料基礎資料，從現有量與物料需求分析，進一步計算出如是否發出新訂單或者是否提前或延後訂單等。

## 二、制訂物料需求計劃

物料需求計劃是根據企業的主產品生產計劃、主產品物料清單和庫存文件，整理計算出主產品所有零件的需求時間和需求數量的需求分析方法。制訂物料需求計劃流程如表 7-2-1 所示。

表 7-2-1　制訂物料需求計劃流程

| 流程 | 內容 | 說明 |
| --- | --- | --- |
| 確定產品計劃 ↓ | 企業接受社會訂單，或者計劃提供給社會的產品的數量和進度計劃 | 需求一般依據社會對產品的訂貨計劃以及維修保修所需零件數量生成計劃 |
| 確定物料清單 ↓ | 統計出裝配產品需要那些零件、原材料，各需要多少，內制外購產品分類等逐層分解 | 將產品物料清單的統計結果列成表格，即產品零件生產採購表(如表 3-2 所示) |
| 確定庫存文件 ↓ | 產品及產品所有零件、原材料的現有庫存清單文件 | 就產品庫存文件的統計結果列成表格，即產品零件庫存表(如表 3-3 所示) |
| 確定物料需求量 | 根據產品的需求文件、產品物料清單和庫存文件，推導出物料需求量 | 根據下面公式算出各個物料的需求量<br>某部件下月需求量＝次月計劃出產量×產品中所包含這個部件的個數＋這個部件次月的社會維修訂貨數 |

產品零件生產採購表如表 7-2-2 所示。

**表 7-2-2　產品零件生產採購表**

<table>
<tr><td>客戶名稱</td><td colspan="3"></td><td colspan="3">訂單號</td><td colspan="3"></td></tr>
<tr><td>品名</td><td></td><td>型號</td><td colspan="2"></td><td>數量</td><td colspan="2"></td><td>交貨期</td><td></td></tr>
<tr><td>制單日期</td><td colspan="3"></td><td colspan="3">物料使用日期</td><td colspan="3"></td></tr>
<tr><td colspan="10">用料分析：</td></tr>
<tr><td>物料編號<br>項目</td><td></td><td></td><td></td><td></td><td></td><td></td><td></td><td></td><td></td></tr>
<tr><td>總需求數量</td><td></td><td></td><td></td><td></td><td></td><td></td><td></td><td></td><td></td></tr>
<tr><td>自製數量</td><td></td><td></td><td></td><td></td><td></td><td></td><td></td><td></td><td></td></tr>
<tr><td>外購數量</td><td></td><td></td><td></td><td></td><td></td><td></td><td></td><td></td><td></td></tr>
<tr><td>自製需求時間</td><td></td><td></td><td></td><td></td><td></td><td></td><td></td><td></td><td></td></tr>
<tr><td>外購需求時間</td><td></td><td></td><td></td><td></td><td></td><td></td><td></td><td></td><td></td></tr>
<tr><td>備註</td><td colspan="9"></td></tr>
</table>

產品零件庫存表如表 7-2-3 所示。

**表 7-2-3　產品零件庫存表**

編號：　　　　　　起止時間：____年__月__日～____年__月__日

| 物料名稱 | 規格 | 單位 | 供應情況 | | | |
|---|---|---|---|---|---|---|
| | | | 庫存 | 已定 | 未定 | 合計 |
| | | | | | | |
| | | | | | | |
| | | | | | | |

覆核人：　　　　　　初核人：　　　　　　制表人：

根據企業的實際情況按照物料需求計劃流程制訂相應的物料需求計劃，可以減少庫存，消除生產上的一些不必要的浪費和物料積壓，爲企業生產的發展減少了阻力。

## 第三節　實施物料分類管理

將性質、用途相近的物料歸併成一類，進行分類管理，可以大大提高物料管理的效率，避免拿錯、找不到等現象的出現。

生產過程中時時需要各種物料的輸入，若在此過程中能夠科學地對物料進行分配，則能產生事半功倍的效果。物料分類管理方法有很多種，其中 ABC 物料分類法是一種常用的方法。

ABC 分類法是將所有的物料按照一定的標準分爲 A、B、C 三類，並對重點物料進行重點管理的分類方法。ABC 分類法的實施步驟如表 7-3-1 所示。

**表 7-3-1　ABC 分類法實施步驟**

| 流程 | 說明 |
| --- | --- |
| 統計計算物料資料<br>↓ | 收集每一種材料的資料，包括價錢、需要量等信息 |
| 統計計算物料資料<br>↓ | 1.把各種庫存物料全年平均耗用量分別乘以其單價，計算出各種物料耗用總量以及總金額。<br>2.按照各品種物料耗費金額的大小順序重新排列，並分別計算出各種物料所佔領用總數量和總金額的比重(百分比) |
| 繪製 ABC 分析表 | 把耗費金額適當分段，計算各段中各項物料領用數佔總領用數的百分比，分段累計耗費金額佔總金額的百分比，並根據一定標準將它們劃分爲 ABC 三類。繪製出 ABC 分析表，如表 7-3-2 所示 |

**表 7-3-2　ABC 分析表**

| 百分比<br>分類 | 佔物料品種數的百分比(%) | 物料類別佔物料金額數的百分比(%) |
| --- | --- | --- |
| A | 5～10 | 70～80 |
| B | 20～30 | 15～20 |
| C | 50～70 | 5～10 |

用 A、B、C 三類材料的標準來管理物料，可以有效地節省物料，有效地利用物料。ABC 管理方法如表 7-3-3 所示。

**表 7-3-3　ABC 管理方法**

| A 類物料 | B 類物料 | C 類物料 |
| --- | --- | --- |
| 嚴格控制庫存，定期盤點，加強進貨、運貨管理。<br>管理等級：A 級(重點) | 設置安全存量，到請購點，以經常採購量採購。<br>管理等級：B 級(一般) | 大量採購，簡單計算，簡單控制，爲降低採購成本，可一次性訂購大批。<br>管理等級：c 級(寬鬆) |

ABC 分類法在企業物料管理中的應用只是一種手段，其真正的目的是針對不同的分類採取不同的措施，使庫存管理更加合理、更加優化，減少生產中不必要的浪費。

物料的分類方法除了 ABC 分類法以外，依據不同的分類標準還可以分成以下種類，如表 7-3-4 所示。

**表 7-3-4　物料分類種類**

| 分類標準 | 種類 |
| --- | --- |
| 按照物料成本分類 | 便於會計核算。如：直接分爲材料、零件、間接材料、消耗工具等 |
| 按照物料材質分類 | 根據材料的性質分類。如：鋼鐵類、木材類、塑膠類等 |
| 按照物料用途分類 | 根據材料的用途分類。如：主材料、零件、消耗用材料、物品等 |

# 第四節　設定安全訂購點，以防缺料待工

生產中總是存在著一些不確定的因素，例如訂貨的需求突然增長或者企業所訂物料延期，遇見這樣的情況，如果倉庫內又沒有足夠的庫存維持生產，就會造成生產線的停滯。

設定物料安全訂購點，可防止由於訂貨需求增長、訂貨延期等原因造成物料臨時庫存不足等問題，嚴防不確定因素造成的缺料待工。

庫存量過多會造成物料積壓，過少會造成安全待工，爲了生產的持續進行，應設定安全訂購點，做好物料使用的提前儲備。

**1. 安全係數法**

安全係數法是根據企業的實際情況，將物料按照安全係數分爲幾個等級，按照等級的不同制定不同的安全訂購點。某捲煙廠安全係數物料表如表 7-4-1 所示。

**表 7-4-1　某捲煙廠安全係數物料表**

| 物料 | 產品說明 | 安全庫存係數 |
| --- | --- | --- |
| 季節性產品所需物料 | 銷售隨機性強，一般庫存量少 | 訂貨週期平均銷售量×1.5 |
| 盈利產品所需物料 | 利潤高，但銷售對象少，沒有規律性，庫存量一般 | 訂貨週期平均銷售量×1.3 |
| 常銷產品所需物料 | 銷售量大且具有規律性和週期性，但庫存量較大 | 訂貨週期平均銷售量×1.2 |
| 新上市產品所需物料 | 不確定因素比較多 | 根據試銷效果調整 |

安全係數法由於根據企業具體實際制定，內容比較貼近企業特點，安全訂購點一般也比較貼近實際。缺點是調查實施過程比較繁複，變化性比較大。

**2. ABC 安全訂購方法**

ABC 安全訂購方法是指利用 ABC 物料分類方法將物料分爲 A、B、C 三個等級，針對每個等級的物料進行分析綜合統計，最後確定出物料安全訂購的方法。ABC 安全訂購方法如表 7-4-2 所示。

**表 7-4-2　ABC 安全訂購方法**

| 物料類別 | 成本價格 | 訂購方法 | 說明 |
| --- | --- | --- | --- |
| A 類 | 較高，佔總體物料成本的 65%左右 | 定期訂購 | 成本高，儘量沒有庫存或只有少量庫存 |
| B 類 | 一般，佔總體物料成本的 25%左右 | 經濟訂購採購 | 應做安全庫存 |
| C 類 | 很低，佔總體物料成本的 10%左右 | 大批量經濟訂購採購 | 大量訂購且基本不需要安全庫存 |

從表 3-13 可以看出，經過 A、B、C 物料分類法分類的物料，其中 A 類物料由於成本較高不需要安全訂購點，C 類物料由於價錢較低庫存可相應多些，基本也不需要安全訂購點，而維持在 B 類區間的物料則需要制定安全訂購點，保證倉庫有存貨。

**3. 經驗預測法**

具有經驗的管理者往往能夠通過經驗推測出某種物料的安全訂購點，稱爲經驗預測法。

經驗預測法分為兩種，如表 7-4-3 所示。

**表 7-4-3　經驗預測方法**

| 方法 | 說明 |
| --- | --- |
| 直接目測法 | 管理者在生產的過程中直接通過親眼鑑定，目測那種物料已經達到安全訂購點，告知採購者進行物料訂購的過程 |
| 兩箱(兩域)法 | 管理者預先對物料進行安全訂購的預測，將物料分裝在兩個箱子或者兩個區域之中，一旦其中一箱(區域)使用完畢，採購員自行進行物料的採購的過程 |

經驗預測法簡單、成本低，但是需要管理者有豐富的物料管理經驗，否則，會由於物料預測不準，造成安全訂購點不準。

## 第五節　配合生產進度，精確投放物料

按照作業的節拍，精確物料的投放量，以免由於物料的堆積造成物料的浪費，造成不平衡生產，庫存積壓。

配合作業節拍，精確投放物料量，就是為了避免生產物料的浪費以及庫存的積壓。作業節拍又叫節拍、生產節拍，是指連續生產相同的兩個產品或兩批產品之間的間隔時間。

如何根據作業節拍控制物料的投放量呢？這裏僅以某企業 A 產品為例。

眾所周知，線上產品製造總是需要很多道工序，才能成為成品，若每道工序的作業節拍是相同的，那麼物料的投放就相對簡

單一些，但實際生產中每道工序的作業節拍往往是不同的。例如，生產 A 產品的作業節拍如圖 7-5-1 所示。

**圖 7-5-1　生產 A 產品的作業節拍**

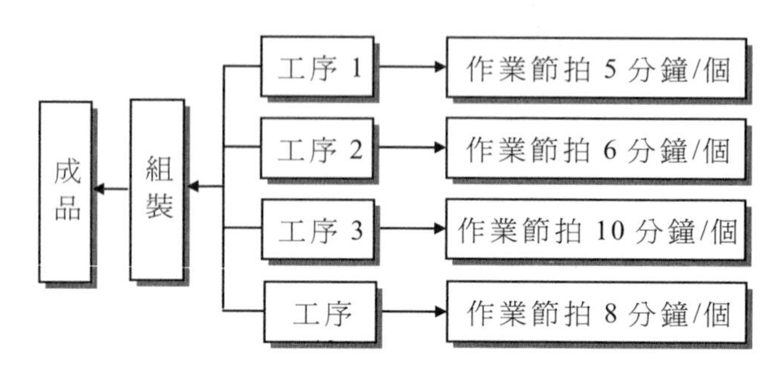


若生產 1 個 A 產品需要 1 個工序 1 生產出的 1 號零件、1 個工序 2 生產出來的 2 號零件、1 個工序 3 生產出來的 3 號零件以及 1 個工序 4 生產出來的 4 號零件，經過組裝，最後成品。由於每道工序的作業節拍不同，所以每道工序需要物料的時間不同。

假設每個工序生產 1 個零件都需要 1 個物料，在不控制物料量的前提下，A 產品 2 小時所投物料量及零件產出個數如表 7-5-1 所示。

**表 7-5-1　A 產品 2 小時所投物料量及零件產出個數**

（時間定額：2 小時）

| 種類 | 所投物料量（個） | 零件產出個數（個） |
| --- | --- | --- |
| 1 號零件 | 24 | 24 |
| 2 號零件 | 20 | 20 |
| 3 號零件 | 12 | 12 |
| 4 號零件 | 15 | 15 |

假設生產 A 產品企業每天工作 8 小時，那麼，1 天可產出 1 號零件 24×4＝96(個)，2 號零件 20×4＝80(個)，3 號零件 12×4＝48(個)，4 號零件 15×4＝60(個)，假設每日生產的零件都可組裝完成，經過組裝後 1 天可生產出 A 產品 48 個。

按此計算，經過 1 天時間，1 號零件還剩 48 個，2 號零件還剩 32 個，3 號零件剛好用完，4 號零件還剩 12 個。依此類推，1 年後會積壓大量的 1、2、4 號零件。積壓的零件佔用大量的庫存，佔用大量的成本，造成生產上物料的利用率極低。

企業經過戰略改變，決定根據作業節拍嚴格控制物料的投入量，即以每生產 1 個零件的最高作業節拍(即工序 3)爲標準投入物料量。經過改變後 A 產品 2 小時所投物料量及零件產出個數如表 7-5-2 所示。

**表 7-5-2　經過改變後 A 產品 2 小時所投物料量及零件產出個數**

(時間定額：2 小時)

| 種類 | 所投物料量(個) | 零件產出個數(個) |
|---|---|---|
| 1 號零件 | 12 | 12 |
| 2 號零件 | 12 | 12 |
| 3 號零件 | 12 | 12 |
| 4 號零件 | 12 | 12 |

按此計算，經過 1 天時間，零件全部組裝完畢，沒有零件庫存積壓，極大地提高了物料的使用效率。

配合作業節拍進行物料的投放，可以避免庫存的積壓，提高物料的使用效率。

作業節拍＝總有效生產時間/客戶需求數量

由於客戶需求量不同，作業節拍總是變化的，爲此應該與時俱進配合作業節拍，進行物料量的精確投放，做到既不在線上存留物料，又能及時進行生產，滿足每日的客戶需求量。

## 第六節　即時監控並回應線上物料使用

即時監控和回應線上物料的使用情況，有效處理物料不足以及物料的保管問題，可以跟生產，使生產線流暢運轉，避免不必要的浪費。

做好生產線上物料的及時監控和回應，以保證作業流程的順暢進行，不浪費一點物料，同時減少由於物料使用不正確產生的不合格品。

及時監控和回應線上物料的使用情況，需要從以下幾個方面做起。

領料之後，將物料點清、整理存放在臨時物料架上，以供生產作業使用。物料的使用方法常見以下兩個作業模式：

**1.小批量、多品種生產模式**

小批量、多品種的生產模式大多採用單件生產方式，這種作業模式在物料的監控和使用時應注意下面一些問題。

(1)物料使用前需核對物料品名、規格、批號、數量、檢驗合格證，確認符合要求後，方可領料，並填寫領料單。

(2)各道工序每次領料以一個班時爲準，不能多領或少領。單批生產單不夠一個班時，物料員將物料均分至作業人員，該單完成後，再發放下一生產單的物料。

(3)作業速度較快作業人員，在完成手上生產任務後，如班組其他人員還未完成此單生產，物料員在徵得班組長、工廠主管同意後，可憑交件記錄續發物料，續發物料可爲同單作業或另行開單。

(4)生產過程中使用到整裝液態原料，作業人員每次啓封使用後，剩餘原輔料應及時嚴格密封，並在容器上註明啓封日期、剩餘數量，使用者簽名，加封後按退料標準操作程序辦理退庫。再次啓封使用時，應核對記錄，如發現外觀有變化應停止使用，對性質不穩定的原輔料需複驗合格後方可繼續使用。

(5)對成品品質有影響的原料，在貨源和批號改變時，應進行必要的生產前小樣試製，由品管部檢驗，確認符合要求後附合格報告單，經有關部門審批後，才能投入生產。

(6)工廠包裝班在使用包裝材料時，必須嚴格檢查包裝材料的外觀品質，發現印刷不清、字跡模糊、歪斜、有汙跡、破損等品質問題的包裝材料，必須挑出，集中放置，按不合包裝材料管理規定辦理退庫。

**2.流水線作業方式**

流水線屬於工序複雜、單位生產數量多的作業方式。在流水線作業時，物料的監控和使用一定要及時到位，保持物料的均衡，使流水線運轉快速。流水線作業方式在物料的監控和使用時應該注意下面一些問題：

(1)流水作業中，領料員獨立領料，及時分配到各工序上。領料員除領料外一律待在工廠現場，以便隨時調派。各員工的物料即將用完時，及時通知班組長或主管，由班組長或主管安排領料員去領料。

(2)對所需物料在投產前 10 分鐘進行確認，控制物料不到位和物料品質不良現象，並要求作業人員進行自檢作業。

(3)當前加工所需物料只剩一個班時，當前工序員工應立即通知班組長或物料員，由班組長安排領料員及時備料。

(4)班組長根據產品加工特性，對於需要在前置工序加工的物料，安排前置人員及時將物料加工完成送至線上各工位，保持前置物料的均衡。

(5)當作業線上某一工序產品超過了規定數量，班組長應放下一切事務在 3 分鐘內派人進行解決，預防瓶頸工序出現。

在生產過程中，線上物料的監控內容如表 7-6-1 所示。

**表 7-6-1　線上物料的監控內容**

| | |
|---|---|
| 線上物料監控內容 | 及時制止浪費行爲，確保物料有效利用 |
| | 發現不合格物料，應及時下線，並追溯不合格品，確保產品品質百分之百達標 |
| | 及時清理生產過程中產生的廢料，保證生產現場清潔有序 |
| | 記錄物料使用情況，做好統計工作，分析物料的使用效率 |
| | 當日工作結束後，對物料使用情況進行清理，確認是否有未執行或執行不力事項，並加以改進 |

相關人員應根據線上物料的監控內容，逐條進行，嚴格監控物料的使用情況，有效避免浪費和錯誤的發生。

# 第 8 章

# 倉儲管理如何降低浪費

## 第一節　有效的庫存管理，迅速降低成本

庫存管理是生產企業最重要的環節之一，與採購、銷售、物流、生產等具有密不可分的聯繫。本章講解使庫存合理化的策略，呆料、廢料、呆貨、次品等的處理方法，以及如何優化庫存，從而最終實現「零庫存」。

### 一、有效控制庫存

#### （一）庫存產生的原因

由於庫存與採購、倉儲、銷售、物流、生產等企業運營的各個環節緊密相連，因此庫存在企業中佔有很重要的地位。正是因爲如此，庫存成本控制的狀況直接影響企業的生產狀況。

庫存是指倉庫中處於暫時停滯狀態的物料。一般來說，企業之所以產生庫存，主要有 3 個方面的原因，如表 8-1-1 所示。

**表 8-1-1　庫存產生的原因**

| 原因 | 說明 |
|---|---|
| 能動的各種形態的儲備 | 投機性購買 |
| | 縮短交貨期 |
| | 規避風險的購買 |
| | 緩解季節性生產高峰的壓力 |
| 被動的各種形態的儲備 | 市場預測錯誤 |
| | 市場變化超出行銷預測能力 |
| | 訂單管理和客戶管理銜接失誤 |
| 完全積壓 | 生產批量與計劃吻合不嚴密 |
| | 安全庫存量的基準設定太高 |
| | 生產流程產能不均衡 |
| | 各道生產工序的合格率不均衡 |
| | 產品加工過程較長，如外加工 |
| | 供應商供應週期過長，供應不及時 |
| | 供應商產能不穩定 |
| | 擔心供應商的供應能力，增加庫存以規避風險 |

企業應該針對不同類型的庫存採取不同的策略。例如，對被動的庫存儲備，採取不同的生產、銷售、採購等策略，設法彌補損失，轉換被動局面；對於完全積壓的庫存，可根據具體情況採用轉產、轉讓、折舊等策略。

## （二）庫存的類型

企業常見的庫存類型如表 8-1-2 所示。

**表 8-1-2　庫存的類型**

| 類型 | 含義 | 備註 |
| --- | --- | --- |
| 基本庫存 | 企業在正常的經營環境下爲滿足日常需要建立的庫存 | 它是企業總庫存的重要組成部份 |
| 波動庫存 | 由於銷售與生產的數量與時機不能被準確地預測而持有的庫存 | 目的是防止與減少因不確定因素（如大量突發性訂貨、交貨突然延期等）而造成的負面影響 |
| 預期庫存 | 爲迎接一個高峰銷售季節、一次市場行銷推銷計劃或一次工廠關閉期而預先建立的庫存 | 目的是滿足未來的需要，也是限制生產速度的變化而儲備工時與機時 |
| 批量庫存 | 以大於眼前所需的數量去獲得物品，由此造成的庫存 | 生產調整時間是確定此類庫存時的一個主要因素 |
| 動輸庫存 | 尙未到達目的地、正處於運輸狀態或等待運輸狀態而儲備在運輸工具中的庫存 | 存在的原因只是由於運輸需要時間 |
| 投機性庫存 | 對預計以後將要漲價的物料，在現行價格較低時，買進額外數量而造成的庫存 | 由此而實現的節約是對該項追加投資真正的報酬 |

## （三）優化庫存的策略

庫存與許多部門密切相關，在生產企業中佔有重要地位，但是庫存對於不同的部門來說，有著不同的要求。

其他部門希望庫存盡可能多，而倉儲部門根據成本控制的原則卻要求庫存盡可能少，因爲庫存過多，會產生不必要的庫存費用，甚至會發生損失，進而額外增加成本。

表 8-1-3　不同部門對庫存的要求

| 部門 | 對庫存的要求 | 所要達到的目的 |
|---|---|---|
| 倉儲部門 | 希望儘量保持最低庫存水準 | 以減少資金佔用，節約成本 |
| 採購部門 | 希望大量採購 | 獲得價格優惠的採購價格 |
| 銷售部門 | 希望庫存充裕 | 以滿足客戶的需要 |
| 生產部門 | 希望庫存充裕 | 以滿足生產的需求 |
| 運輸部門 | 希望多運輸 | 以提高效益和效率 |

這存在很大的矛盾。那麼，如何調解這種矛盾呢？這就涉及優化庫存的問題。也就是說，如何將庫存做到最優，如何滿足企業生存與發展的需要，成爲企業生產與成本控制協調的關鍵。優化庫存就是用最經濟的方法和手段從事庫存活動，並能發揮其最大的作用。

庫存具有整合需求和供給的功能，可以維持物流系統中各項活動順暢進行。當客戶訂貨交貨期比企業從採購物料到生產加工再到將貨物送達客戶手中的時間(即供貨週期)要短的情況下，預先的庫存就顯示出作用來了。因爲這樣一來，企業就不用擔心延長交貨期或發生缺貨的情況。

如何優化庫存的呢？可採取以下策略。

1. **先進先出**

先進先出法可以保證每種物品的儲存期不至於過長。先進先出法是一種有效的方法，也是儲存管理的準則之一。例如，有的企業物品堆放不合理，每次都是先用新來的物品，一些不易取出的物品就一直堆放著，時間一長，物品受到的損失程度就會加大，甚至成爲廢料，這就不得不浪費了大量的採購成本、倉儲成本等。

一般來說，企業可以採用以下幾種方法實現物品的先進先出。

⑴貫通式貨架系統。將貨架的每層形成貫通的通道，從一端存人物品，從另一端取出物品，這樣，物品在通道中自行按先後順序排隊、不會出現越位等現象，可以有效保證物品的先進先出。

⑵雙倉法儲存。爲每種物品都準備兩個倉位或貨位，輪換進行存取，再配以必須在一個倉位中取光才可補充的規定，可以保證實現物品的先進先出。

⑶電腦存取系統。利用電腦數控，通過連接數據庫，及時地對數據進行有效存取和分析，能夠隨時給出「先進」的產品數據，從而能夠在出貨時進行提示以保證「先出」。

**2. ABC 分類管理**

ABC 分類管理是指根據事物在技術或經濟方面的主要特徵，進行分類排隊，分清重點和一般，通常將特別重要的劃爲 A 類，一般重要的劃爲 B 類，不重要的劃爲 C 類，然後針對不同等級分別制定管理方式。

將 ABC 分類管理運用在庫存管理中，可以將儲存物品按重要程度分爲特別重要的庫存（A 類）、一般重要的庫存（B 類）和不重要的庫存（C 類）三個等級，然後針對不同等級分別進行管理和控制，如表 8-1-4 所示。

ABC 分類管理是實施儲存合理化的基礎，在此基礎上可以進一步解決各類的結構關係、儲存量、重點管理和技術措施等合理化問題。ABC 分類管理的應用，可以壓縮總庫存量，解放被佔壓的資金，使庫存結構合理化，節約管理力量。

表 8-1-4　ABC 分類管理在庫存管理中的應用

| 種類 | 成本 | 所佔成本比重 | 採用方法 |
|---|---|---|---|
| A類 | 成本高 | 65%左右 | 可採用定期定量採購法，儘量沒有庫存或只做少量的安全庫存，但需在數量上做嚴格的控制 |
| B類 | 成本中等 | 25%左右 | 可採用經濟定量採購法，可以做一定的安全庫存 |
| C類 | 成本最少 | 10%左右 | 可採用經濟定量採購法，不用做安全庫存，根據採購費用和庫存維持費用之和的最低點，確定一次的採購量 |

通過在 ABC 分類管理的基礎上實施重點管理，可以決定各種物品的合理庫存儲備數量並保有合理儲備。

**3. 適度集中儲存**

適度集中儲存是優化庫存的重要內容。適度集中庫存是利用儲存規模優勢，以適度集中儲存代替分散的小規模儲存來實現庫存合理化。

一般來說，在進行集中儲存時，由於儲存點與客戶之間距離增加，儲存總量雖然降低，但運費增加，因此企業要儘量做到適度集中庫存。

**4. 採用有效的儲存定位系統**

儲存定位的含義是指合理確定每件物品的位置。如果儲存定位系統有效，能大大節約尋找、存放、取出物品的時間，節約不少物化活動，而且能防止差錯，便於清點及實行訂貨點等管理方式。

儲存定位的有效方法有：

⑴四號定位法。通常使用的是四號定位法，依次表示庫號、架號、層號、位號，使每個貨位都有固定的編號，具體編號的表示如表 8-1-5 所示。例如，編號 P4AB12f22 表示 4 號棚區、AB 貨區、第 12 號料架、第 6 層、22 號貨位。

**表 8-1-5　四號定位法的編號意義**

| 順序號 | 1 | 2 | 3 | 4 | 5 | 6 |
|---|---|---|---|---|---|---|
| 表示內容 | 庫棚場別 | 庫棚場號 | 貨區號 | 貨架(垛)號 | 貨架(垛)層號 | 貨位號 |
| 符號 | KPC | 數字 | 大寫英文字母 | 數字 | 小寫英文字母 | 數字 |

這種定位方法可對倉庫存貨區事先做出規劃，並能很快地存取物品，有利於提高速度，減少差錯。

⑵電腦定位系統。利用相應的倉儲管理軟體，對倉庫進行有效分析，可以做出合理規劃，給出最佳的物品存儲位置，以保證倉庫的合理使用，減少不必要的空間浪費。

5. **提高儲存密度**

提高儲存密度的主要目的是減少儲存設施的投資，提高單位存儲面積的利用率，以降低成本、減少倉儲的佔地面積，主要有三種方法。

⑴採取高垛的方法，增加儲存的高度。具體方法是採用高層貨架倉庫、採用集裝箱等，都可比一般堆存方法大大增加儲存的高度。

⑵縮小庫內通道寬度，增加儲存有效面積。具體方法有：採用窄巷道式通道，配以軌道式裝卸車輛，以減少車輛運行寬度要

求；採用側堆高車、推拉式堆高車，以減少堆高車轉彎所需的寬度。

⑶減少庫內通道數量，增加儲存有效面積。具體方法有：採用密集型貨架、可進車的可卸式貨架、各種貫通式貨架、不依靠通道的橋式吊車裝卸技術等。

6.**加大動態存儲力度**

儲存現代化的重要課題是將靜態儲存變爲動態儲存。週轉速度加快，會帶來一系列合理化好處：資金週轉快、資本效益高、損失變小、倉庫吞吐能力增加及整體成本下降等。具體做法有採用單元集裝存儲、建立快速分揀系統等，都有利於實現快進快出、大進大出。

7.**採用集裝箱、集裝袋、託盤等儲運裝備一體化的方式**

集裝箱等集裝設施的出現也給儲存帶來了新觀念，集裝箱本身便是一棟倉庫，無須再有傳統意義的庫房，在物流過程中，也就省去了入庫、驗收、清點、堆垛、保管、出庫等一系列儲存作業，因而對改變傳統儲存作業有很重要意義，是儲存合理化的一種有效方式。

8.**租用公共倉庫**

租用公共倉庫，一方面可以減少企業的風險，另一方面可以根據企業庫存的數量來增減倉庫數量或面積。當然，如果企業需要長期儲存、貨量較大、對產品的需求比較穩定且市場密度比較大，可以考慮自建倉庫，這樣可以降低倉儲的費用。

9.**倉儲外包**

因爲外部專業的倉儲公司可以提供一體化、全方位的倉儲服務，所以企業還可以將倉儲活動轉包給外部公司。同時，採用這種方式，企業還可以有效利用倉儲資源、擴大市場的地理範圍、降低運輸的成本。

## 二、呆廢料的處理

企業有呆料、廢料、呆貨，如果不能爲己所用，處理得越早越好。處理方式可根據企業的實際狀況來選擇。

### （一）倉庫盤存的措施

很多生產企業的倉庫中都會存有大量的呆料、廢料、舊料、呆貨等，那麼，生產企業如何確定這些物料的數量呢？在日常的生產過程中，所有物料的進出均有相關單據、帳冊記錄。但實際上，帳面庫存與實際庫存有出入。因此，倉庫盤存就成了發現呆料和廢料的一個關鍵環節。

帳面盤存是指每項出庫、入庫的數量金額記錄在帳面上加以統計計算，求出帳面上的庫存額；而實地盤存是指實際調查倉庫的庫存數，計算出庫存額。

企業進行倉庫盤存的主要措施有以下幾種。

#### 1. 定期盤存

定期盤存是指選定一個特定日期，關閉倉庫，所有員工在最短時間內清點所有物料。很多企業都規定一定的期限（如 3 個月或 6 個月）進行一次盤存。這時，倉庫中所有的物料都要同時做盤存。同時盤存是把所有的物品一起盤存。這時，必須停止出入庫、轉移等物流活動。因此，爲了不影響正常的生產，企業應儘量利用假日加班做盤存。

### 2. 循環盤存

循環盤存又稱爲週期盤存，是對物料進行循環週期的盤存以代替每次的季盤存的一種盤存方式。根據 ABC 分類管理方法區別對待 A、B、C 不同類型的物料，規定不同的盤存間隔期和允許盤存誤差，進行輪番盤存。

**表 8-1-6　ABC 類物料的循環盤存比較**

| 物料類型 | 品種數佔總品種數的比例（%） | 價值佔總價值的比例（%） | 盤存間隔期 | 允許盤存誤差（%） |
|---|---|---|---|---|
| A | 10～20 | 60～80 | 每月一次 | ±1 |
| B | 15～30 | 15～30 | 每季一次 | ±2 |
| C | 60～80 | 10～20 | 半年一次 | ±3 |

循環盤存的好處是可以在不中斷生產的情況下進行盤存。爲了保證盤存準確，定置管理是一個先決條件，倉庫、貨位、批號、容器或託盤同物料的關係都必須明確定義。循環盤存的一個重要目的是發現問題、糾正錯誤。

通過循環盤存，找出產生差錯的原因，改善和健全庫存管理制度，嚴格遵循生產流程，可以避免出現誤差。

### 3. 複合盤存

複合盤存是指綜合定期盤存和循環盤存兩種方法而進行的倉庫盤存方式。

總之，盤存就是爲了達到有料必有賬、有賬必有料、料賬要一致的目的。所以，企業平時在倉儲時可以對物料進行平面及立體佈置規劃，方便物料的管理，也方便盤存，可以節省大量的時間、空間及管理成本。

### （二）及時處理呆料的好處

呆料就是物料存量過多、耗用量極少、庫存週轉率極低的物料。一般來說，所有的呆料都是可用之料，只是由於企業暫時不用或很少使用而只能保存在倉庫裏。

怎麼界定呆料呢？有的企業物料管理部門將企業最近 6 個月內沒有異動或異動數量沒有超過總庫存 30%的物料，列出「6 個月無異動呆料明細表」，送交相關部門。相關部門再以此判斷這些物料是不是呆料。

假設你想參加一個非常重要的客戶的晚宴，可你沒有合適的衣服。爲此，你需要一套晚禮服。於是，你提前幾天買了一套晚禮服。這套衣服說白了就是「呆料」，因爲你不可能天天穿著晚禮服去參加聚會。

**表 8-1-7　及時處理呆料的好處**

| 好處 | 說明 |
| --- | --- |
| 節約倉儲空間 | 呆料長期放在倉庫，勢必佔用大量的倉儲空間，有可能影響正常的倉儲管理。因此，適時處理呆料，可以節約許多倉儲空間 |
| 物盡其用 | 呆料閒置在倉庫內而不能加以利用，久而久之，物料將鏽損腐蝕，價值降低。因此，生產企業要及時處理呆料，重新發揮其作用，體現其價值，做到物盡其用 |
| 減少資金積壓 | 呆料閒置存倉庫而不能加以利用，這就表示要有一部份資金呆滯在呆料上如果適時處理呆料，可以減少資金的積壓 |
| 節省人力及費用 | 呆料在沒有做出處理前，必須有專門的人員進行管理，因此會發生各種管理費用。如果能及時處理呆料，就可以節省這些人力及管理費 |

呆料放在倉庫裏，就要佔用儲存空間，需要人工管理，可能有損耗，可能最終變成廢料。也就是說，呆料因爲自身在不斷貶值而會成爲企業成本控制的「敵人」。

由於呆料會對企業的整體成本控制造成很大的影響，因此必須對呆料進行處理。

### （三）處理呆料的措施

既然呆料必須及時處理，就必須採取有效的處理措施，如表 8-1-8 所示。

**表 8-1-8　處理呆料的措施**

| 措施 | 說明 |
|---|---|
| 調撥其他企業利用 | 自己企業的呆料，調撥其他企業，仍可設法利用 |
| 修改再利用 | 既然呆料利用的可能性比較小，那就設法重新修改成企業可以利用的物料。有時，只要將呆料在規格上稍加修改，就能夠利用 |
| 打折扣出售給原來的供應商 | 因爲供應商處理呆料要容易得多，這是一個不錯的辦法，但操作起來比較複雜 |
| 出售給呆料收購公司 | 由於這些回收公司有自己的行銷網路，可以很快讓呆料發揮應有的價值 |
| 交換 | 對於企業不需要的物料，可以與其他需要這種物料的企業交換自己需要的物料，以物易物，各取所需 |

### （四）預防呆料的措施

呆料的預防重於處理，對於呆料的發生，關鍵要採取預防措施，如表 8-1-9 所示。

**表 8-1-9　預防呆料的措施**

| 措施 | 說明 |
|---|---|
| 制定物料採購計劃 | 採購計劃制定要慎重，避免出現物料品種、規格、型號錯報、多報現象；在採購物料後，儘快領用以便發現問題；採購部門及時處理，避免呆料的形成 |
| 做好採購管理 | 減少物料的請購、訂購不當機會，加強輔導供應商，呆料現象自會下降 |
| 強化倉儲管理 | 材料計劃應加強，杜絕材料計劃失常的現象。對存量加強控制，勿使存量過多，減少呆料的發生機會 |
| 加強驗收管理 | 驗收物料時，避免混入不合格品，強化進料並徹底執行。加強檢驗儀器的精良化，減少物料「魚目混珠」的機會和不良物料入庫的機會 |

### （五）處理廢料的措施

廢料就是經過相當長的一段使用時間或存儲時間，已經完全或部份喪失原來的特性或功能的物料。這些物料已經不能再進行加工處理，或者雖能再加工但使用價值不大，它們不但會佔用倉庫的存儲空間，長時間堆積還可能會因爲銹蝕或腐爛等引起倉庫的其他物料或產品的品質下降，從而造成更大的損失，所以，必須及時處理。

在處理廢料時，企業一般可以採取以下幾種措施。

**1. 分類整理**

各工作場所應放置廢料桶、廢料箱，便於作業人員隨時存放並便於搬運，同時當日產生的廢料，應於當日搬往企業規定的廢料存放區。

**2. 分置保管**

設置廢料存放區，按類別分開存放。

**3. 出售處理**

對於一些具有回收價值的廢料，如廢鐵、廢銅、電子元件、零件等，可以由相關的管理部門集中出售。

**4. 焚燒填埋**

對於一些不可再回收的廢料，如技術編織的秸稈等，可以通過焚燒填埋的方式處理，不致造成太大的環境污染。

**5. 送至專業處理廠**

對於某些可能造成嚴重污染或具有放射性的廢料，除了企業自己處理外，有必要提交專業的處理廠，以求降低污染。

## 三、採用零庫存管理

零庫存是由日本豐田汽車公司首先採用的。零庫存是只有在需要的時候，按需要的量，生產出所需的產品。因此，可以說零庫存是使庫存達到最小的生產系統。

零庫存的基本思想就是通過嚴格管理，杜絕生產待工、多餘勞動、不必要搬運、加工不合理、不良品返修等方面的浪費，達到零故障、零缺陷、零庫存。

### （一）零庫存與傳統庫存的區別

零庫存與傳統庫存在管理上有一定的區別，如表所示。

**表 8-1-10 零庫存與傳統庫存的區別**

| 因素 | 傳統庫存 | 零庫存 |
|---|---|---|
| 庫存 | 資產 | 負債 |
| 安全庫存 | 有 | 無 |
| 生產時間 | 長 | 短 |
| 起始時間 | 緩慢 | 最小 |
| 批量 | 經濟批量 | 一對一 |
| 排隊 | 消除 | 必須 |
| 備貨時間 | 可以忍受 | 較短 |
| 品質檢驗 | 重要 | 100% |
| 供應商 | 交易關係 | 合作者 |
| 供應來源 | 多個 | 單個 |
| 員工作用 | 接受指令 | 參與決策 |

通過傳統庫存與零庫存在管理方法上的比較可以看出，零庫存基於在精確的時間以精確的數量把物料送達指定的地點，從而使庫存成本最小。零庫存既可以是一個時間的概念，即時效性問題，減少物料的週轉環節，對提高企業的整體效率非常有幫助；又可以是一個數量的概念，即它是相對的「零」，而不是絕對的「零」——在保證企業正常生產的前提下，庫存量越少越好。這裏還有一個前提條件：企業要有可靠、及時的信息回饋和物流配送保障機制。

### （二）採用零庫存方式，要先有準時生產

零庫存生產方式以準時生產（JIT）爲出發點，對設備、人員等

進行淘汰、調整，達到降低成本、簡化計劃和提高控制的目的。在生產現場控制技術方面，JIT 的基本原則是在正確的時間生產正確數量的零件或產品。

零庫存和快速應對市場變化是 JIT 的核心，所以研究零庫存之前，必須先瞭解 JIT。

### 1. JIT 的基本原理

JIT 與傳統生產系統剛好相反，它是以客戶(市場)爲中心，根據市場需求來組織生產。JIT 的管理是逆著生產工序的，即由客戶需求開始，然後經過訂單、生產成品、元件、配件、零件和原材料，最後到供應商。

JIT 的這種方式決定了其以需定供，即供方根據需方的要求，按照需方需求的品種、規格、品質、數量、時間、地點等要求，將物品配送到指定的地點，而且不多送，也不少送，不早送，也不晚送，所送品種要個個保證品質，不能有任何廢品。而且整個 JIT 生產過程是動態的、逐個向前推進的。上道工序提供的正好是下道工序所需要的，且時間合適，數量合適。JIT 要求企業的供、產、銷各環節緊密配合，大大降低了庫存、成本，提高了生產效率和效益。

### 2. JIT 的實施意義

實施 JIT，對企業來說具有重大的現實意義：

⑴在品種配置上，JIT 保證品種有效性，拒絕不需要的品種。

⑵在數量配置上，JIT 保證數量有效性，拒絕多餘的數量。

⑶在時間配置上，JIT 保證所需時間，拒絕不按時的供應。

⑷在品質配置上，JIT 保證產品品質，拒絕次品和廢品。所以，JIT 可以保障企業的零庫存、零次品和成本的最優化。

### 3. JIT 的管理方式

⑴及時化。依據拉動原理，上一道工序按下一道工序的要求及時供應，保障生產系統連續、順暢地運行。

⑵目標管理。生產現場的作業人員在生產設備、生產過程、材料加工品質等出現異常情況時，能依據規定自行判斷查明原因，並採取適當的改進措施，以保證產品品質和提高生產效率。

⑶混合生產。在同一條生產線上均勻地混合製造各種產品。

⑷看板方式。常見的看板有提料看板、生產看板、採購看板等。使用看板作業需要遵循以下原則：嚴格按照看板所示信息提取材料和搬運；嚴格按照看板所示信息進行生產作業活動；在沒有看板的情況下，既不進行生產也不進行搬運作業；看板必須與所表示的材料在一起；絕不把不良品向下一道工序傳送。

## （三）實現零庫存的策略

如果生產企業不以庫存形式存在，就可以避免庫存的一系列問題，如倉庫建設，管理費用，存貨維護、保管、裝卸、搬運等費用，存貨佔用流動資金及庫存物的老化、損失、變質等問題。

一般來說，實現企業零庫存的常見措施有以下幾種。

### 1.委託保管

受託企業代存代管所有權屬於生產企業的物資，使生產企業不再保有庫存，從而實現零庫存。這種零庫存形式的優勢：受託企業可以實行高水準和較低費用的庫存管理，生產企業不再設庫，同時少了倉庫及庫存管理的大量事務，集中力量進行生產經營。

**2. 協作分包**

採用協作分包可以以若干企業的柔性生產準時供應，使主企業的供應庫存爲零；同時主企業的集中銷售庫存使若干分包勞務及銷售企業的銷售庫存爲零。

某加工企業分包某起重機生產企業的履帶業務，按照起重機生產企業生產速度的要求，按指定的時間將履帶送到起重機生產企業。這樣，起重機生產企業不再設一級庫存，通過配額、隨供等形式，起重機生產的需求剛好滿足履帶的銷售，從而使該加工企業實現零庫存。

**3. 同步方式（輪動方式）**

在對系統進行週密設計前提下，使各環節速度完全協調，取消工位之間暫時停滯的一種零庫存、零儲備形式。這種方式是在傳送帶式生產基礎上，進行更大規模延伸形成的一種使生產與材料供應同步進行，通過傳送系統供應，從而實現零庫存。

**4. 準時供應系統**

準時供應系統因其靈活性、較易實現而被廣泛使用。準時供應系統是依靠有效的銜接和計劃達到工位之間、供應與生產之間的協調，從而實現零庫存。

**5. 看板方式**

在企業的各工序之間，或在企業之間，或在企業與供應商之間，採用固定格式的卡片爲憑證，由下一環節根據生產的節奏，逆生產流程方向，向上一環節指定供應，從而協調關係，做到準時同步。

**6. 水龍頭方式**

客戶可以隨時提出購入要求，採取需要多少就購入多少的方式，供應商以自己的庫存和有效供應系統承擔即時供應的責任，從而使客戶實現零庫存。該方式主要用於工具及標準件的供需。

**7. 無庫存儲備**

保持戰略物資儲備，但不採取庫存形式，以此達到零庫存。

**8. 即時配送**

綜合運用上述若干方式採取配送制度保證供應，從而實現零庫存。

## 第二節　物料出入庫管理要加以規範化

規範物料的出入庫管理，可以減少不合格品的流入或流出，同時也可達到合理控制庫存量的目的。

規範物料出入庫管理工作，保證物料進出有序，減少人為因素造成的損失。規範物料的倉儲工作，主要包括物料的進庫、物料的出庫兩個方面的內容。

**1. 物料的進庫**

物料進庫要保證流程的流暢以及物料的品質安全，防止出現因物料品質不過關影響生產。

## 表 8-2-1　物料進庫流程

| 流程 | 說明 |
|---|---|
| 檢驗收貨通知 | 收到採購部門的物料到貨通知單 |
| 核對 | 若經過核對不符合標準，則：<br>1.內購料以實物爲準開單，修改送貨量，並簽名確認。<br>2.客供料以實物爲準開單，通知採購部門，與客戶協商 |
| 質檢 | 進料檢驗入庫單如表 3-9 所示 |
| 驗收 | 在進料過程中要嚴格遵守物料驗收實施流程，做到來料入庫，無論品質、數量還是型號等品質和料單方面的相關細節，都要保證正確無誤、安全標準。驗收實施大約需要以下步驟：<br>1.確認供應廠商。<br>2.確認物料驗收憑據。<br>3.確定交運日期與驗收完工時間。<br>4.確定物料名稱與物料品質。<br>5.清點實際數量。<br>6.通知驗收結果。<br>7.返回不良物料。<br>8.入庫。<br>9.記錄 |
| 借料檢查 | 檢驗員持「進料檢驗入庫單」按時到現場借料檢查：<br>1.品質不合格，返回倉管員，並做「批退」標示。<br>2.規格不符，確認並註明來料規格。<br>3.數量不符，確認改單，清點數目，做標示入庫之後，倉庫管理員應及時填寫物料入庫日報表。 |

**2. 規範物料的出庫**

嚴格進行物料入庫管理的同時也要嚴格要求物料的出庫管理。

**表 8-2-2　物料出庫流程**

| 流程 | 說明 |
| --- | --- |
| 接收領料單 | 收到物料領料單，領料單樣表如表 3-12 所示 |
| 審核 | 對領料單進行審核，簽發發料單，將發料單交給出庫主管 |
| 備貨 | 審核發料單是否標準，發料手續是否齊全。同時出庫專員根據發料單檢查物料是否有完全相符庫存，包括規格、名稱、型號等，準備備貨 |
| 覆核 | 避免備貨出錯，再次進行覆核，包括物料名稱、規格以及型號、提貨單位等 |
| 登記 | 按照公司規定對出庫物料登記 |
| 再次覆核 | 再次覆核，無誤物料交接 |
| 物料出庫 | 出庫人員和提貨人當面在發料單簽名核實，物料出庫 |
| 清理現場 | 物料出庫後，對物料堆放現場進行清理 |

### 表 8-2-3 領料單樣表

編號：____　　　　　　　　　　　　日期：____年___月___日

<table>
<tr><td colspan="2">製造編號</td><td colspan="4">批量</td><td>機型</td><td colspan="4">生產單位</td><td colspan="2">主管</td><td>制表</td></tr>
<tr><td colspan="2"></td><td colspan="4">_____台</td><td></td><td colspan="4"></td><td colspan="2"></td><td></td></tr>
<tr><td>次數</td><td>品名規格</td><td>編號</td><td>單位</td><td>單位用量</td><td>應領</td><td>實發</td><td colspan="4">補退記錄</td><td>合計</td><td>單價</td><td>總額</td></tr>
<tr><td>1</td><td></td><td></td><td></td><td></td><td></td><td></td><td></td><td></td><td></td><td></td><td></td><td></td><td></td></tr>
<tr><td>2</td><td></td><td></td><td></td><td></td><td></td><td></td><td></td><td></td><td></td><td></td><td></td><td></td><td></td></tr>
<tr><td>3</td><td></td><td></td><td></td><td></td><td></td><td></td><td></td><td></td><td></td><td></td><td></td><td></td><td></td></tr>
</table>

嚴格按照出庫流程進行物料的出庫管理，應遵循下列要求：

(1)遵循先進先出、按單辦理的原則進行發料。

(2)領料單應填明物料詳細基本資料，如編號、名稱、規格和數量等，並有負責人的簽名。

(3)領取超領物料時應有物料超領單且手續齊全，領取代用物料時應有物料代用申請單，領取調撥物料時應有物料調撥單。

(4)領取製作樣品物料必須有負責管理者的核對批准手續方可領用。

(5)倉庫管理員發料時應與領料人員辦理手續，當面點交清楚，防止出錯。

(6)倉庫管理員應該妥善保管所有發料憑證，不許丟失。

倉庫管理員還應做好物料的整理和規劃等工作，保證物料能夠及時準確到達各個工廠。

## 第三節　採取先進先出，控制物料品質

使用物料先進先出的發貨方法，遵循先入庫的物料先使用、後入庫的物料後使用的原則，有效地控制了倉庫內物料的保質期，以免物料由於過期等原因，成爲呆料，造成生產上的浪費。

先進先出的物料管理方式是指企業根據物料進倉時間的先後順序發放、使用物料，據此確定物料的發出存貨和期末存貨的成本。先進先出可以防止物料由於庫存時間太長，過了保質期，造成生產上的浪費。還能有效地控制庫存量，增加企業的流動資金，爲企業的競爭投入資本。

某企業有一批 A 物料庫存如下：

A 物料：3 月 15 日進貨 20 個，單價 10 元。

A 物料：3 月 25 日進貨 18 個，單價 11 元。

A 物料：4 月 10 日進貨 22 個，單價 12 元。

A 物料：4 月 30 日進貨 25 個，單價 14 元。

銷售：5 月 5 日，A 物料 45 個。

使用先進先出的物料管理方法爲：使用 3 月 15 日進貨的 20 個物料＋3 月 25 日進貨的 18 個物料＋4 月 10 日進貨的 7 個物料。依此類推，先買進的物料隨著生產的進行陸續被使用，嚴格控制了在物料的保質期內使用物料。

再如上例，有

銷售：5 月 5 日，A 物料 45 個。

單價：15 元/個。

總銷售額：15×45=675(元)。

使用先進先出法淨賺：

675－10×20－11×18－7×12＝193(元)。

使用後進後出法淨賺：

675－25×14－20×12＝85(元)。

由此例可看出，在物料進貨價錢上漲的情況下，使用先進先出的物料管理方式不僅可以使先買進的物料先行使用，有效控制物料的保質期，還可以提高企業的利潤。

要想實現先進先出的物料管理方式，首先要處理好的管理，是指能夠適合物料管理的先進先出原則。

**1.先識別物料**

做好物料的先進先出工作可借助物料管理卡，相關人員可參照其標示內容進行物料出入管理。物料管理卡的實施步驟如下：

(1)將物料分類堆放。

(2)對物料進行識別管理，給物料貼上入庫時間、接收時間、製造時間。

(3)按照入庫順序進行擺放，遵循「先上後下、先外後裏」的原則擺放。

(4)除此之外還應考慮物料發放的時間性、便捷性、安全性、價值大小等。如體積大的物料放在外邊，價值小且數量多的物料露天存放等。

**2.規範化的取料方式**

取料原則：根據物料「先上後下、先外後內」的管理方法，取貨員可以通過先拿最外邊、最上邊的物料，實現物料的先進先出管理。

企業一般使用視覺化的方式使「先進先出」管理更加便捷且一目了然。

使用先進先出的管理方法進行物料的管理和發放，需注意下面幾個問題：

(1)確認使用範圍。根據謹慎性原則的要求，先進先出法適用於市場價格普遍處於下降趨勢的商品。因爲期末存款餘額是按最後的進價計算，使期末存貨的價格接近於當時的價格，真實地反映了企業期末資產狀況，能抵禦物價下降的影響，減少企業經營的風險，消除了潛虧隱患。

(2)注意特殊情況。因爲某些原因，如研發、試驗等情況下，有些物料不需要遵循「先進先出」原則，因爲這時候往往會使用最新的原料，而不是按照購進時間使用。

用先進先出的管理方式嚴格控制物料的使用，短期來看可以保證物料的保質期、提高利潤的增長，長遠來看往往可以更接近事實地預算企業的期末成本，使企業的預算期末成本更接近真實期末成本，利於來年的投資。

## 第四節 及時退料、補料，避免阻礙生產

及時退掉不需要的物料，並補充所需物料，可以避免物料的浪費，滿足作業用料，提高物料的使用率，避免阻礙生產。

1. **及時退料**

**表 8-4-1 退料流程**

| 流程 | 說明 |
|---|---|
| 退料匯總 | 將不良物料進行分類匯總，填寫退料單(退料單如表 3-21 所示)，送至品質部 |
| ↓ 品質鑑定 | 品質部經過檢驗，將退料分爲報廢品、不合格品、良品三類，並在退料單上註明數量。若對超發物料、規格不符物料及呆料進行退料，退料人員在退料單上備註即可，不必經過品質部直接退至倉庫 |
| ↓ 退料辦理 | 生產部門將分好類的物料送到倉庫，倉庫管理人員根據退料單上所註明的分類數量，經清點無誤後，分別收入不同的倉位，並掛上相應的物料卡 |
| ↓ 賬目記錄 | 倉庫管理人員及時將各種單據憑證入賬 |

**表 8-4-2　退料單**

<table>
<tr><td colspan="2">退料班組</td><td colspan="2"></td><td colspan="2">日期</td><td colspan="2"></td></tr>
<tr><td colspan="2">退料人</td><td colspan="2"></td><td colspan="2">審批人</td><td colspan="2"></td></tr>
<tr><td>物料編號</td><td>名稱</td><td>型號</td><td>數量</td><td>原因</td><td>IQC 鑑定結果</td><td>實退數量</td><td>備註</td></tr>
<tr><td></td><td></td><td></td><td></td><td></td><td></td><td></td><td></td></tr>
<tr><td></td><td></td><td></td><td></td><td></td><td></td><td></td><td></td></tr>
<tr><td colspan="3">退料員：</td><td colspan="3">品管員：</td><td colspan="2">倉管員：</td></tr>
</table>

生產線退料工作一定要做徹底，退料之後全線員工要仔細檢查，不遺留一個物料，以免影響下次生產的進行。生產線的退料對象主要包括以下幾種：

(1)不符合規格的物料。

(2)超發的物料。

(3)呆料、廢料。

(4)不良半成品。

**2. 及時補料**

生產線缺料大致有以下幾個方面的原因：

(1)生產中的損耗。

(2)丟失或其他造成物料部件缺失的原因。

(3)退料致使物料不足。

生產線缺料的時候，爲了避免阻礙生產，需及時補料，並在補料完成後追查缺料的原因，及時進行改善，以免下次再發生。

在生產過程中的及時補料、及時退料，極大地提高了物料的周轉率。如及時補料可以杜絕因生產缺料而產生的生產停滯問題，以及由此產生的工時浪費、設備空轉等現象。

**表 8-4-3 補料流程**

| 流程 | 執行部門 | 說明 |
|---|---|---|
| 填寫補料申請單 | 生產部 | 補料申請單如表 3-23 所示 |
| ↓ 簽字確認補料申請單 | 生產部 | 初步核對補料申請單的內容，元誤簽字確認 |
| ↓ 審核補料申請單 | 倉儲部 | 由生產部門簽字確認的補料申請單由倉儲部進行二次核對確認 |
| ↓ 按補料申請單備料 | 倉儲部 | 倉儲部按照補料申請單的內容進備料 |
| ↓ 開具領料單 | 生產部 | 生產部下發領料單，送交倉儲部 |
| ↓ 按領料單發貨 | 倉儲部 | 倉儲部按領料單發貨 |

**表 3-23 補料申請單**

| 補料班組 | | | | 日期 | | | |
|---|---|---|---|---|---|---|---|
| 補料人 | | | | 審批人 | | | |
| 物料編號 | 名稱 | 型號 | 標準損耗 | 實際損耗 | 原因 | 補充數量 | 備註 |
| | | | | | | | |
| | | | | | | | |
| | | | | | | | |
| 備註： | | | | | | | |

# 第五節　合理的存放物料

對物料的存放要合理，取拿有序，這樣才能保證物料入庫出庫的順暢，提高物料的使用效率，節省生產的時間。

由於生產的需要，要經常取拿物料，若物料的存放不合理，則會造成尋找時間過長，出入庫速度變慢，這會浪費大量的人工，同時也增加了生產等待時間。

物料的存放需要遵循「三防」和「三定」的原則。「三防」、「三定」內容如表 8-5-1 所示。

**表 8-5-1　「三防」、「三定」內容**

<table>
<tr><th>項目</th><th>內容</th><th>說明</th></tr>
<tr><td rowspan="3">「三防」</td><td>防水</td><td rowspan="3">以免物料變質、變形，甚至著火、爆炸</td></tr>
<tr><td>防火</td></tr>
<tr><td>防壓</td></tr>
<tr><td rowspan="3">「三定」</td><td>定點</td><td>將物料儲存在適當的固定位置，利於養成固定作業習慣，自然減少尋找物料的時間</td></tr>
<tr><td>定位</td><td>將物料使用一定外形的容器儲存，以便堆放及清點</td></tr>
<tr><td>定量</td><td>將物料以一定單位的量包裝，以便於物料領取及快速清點</td></tr>
</table>

物料定位時，需根據一定分類方式對物料進行分類，然後在

架子或者櫃子上貼上每種物料的標籤，便於取拿物料。物料的編號方法如表 8-5-2 所示。

**表 8-5-2 物料的編號方法**

| 物料編號方法 | 內容 | 舉例 |
|---|---|---|
| 英文字母法 | 用英文字母進行排序的編號方法 | D 代表布製品，B 代表陶製品，C 代表玻璃製品 |
| 數字法 | 用阿拉伯數字進行排序的編號方法 | 1 代表布製品，2 代表陶製品，3 代表玻璃製品 |
| 暗示法 | 用與物料有關的文字或符號代表該項物料，使之能望文生義 | Febric 代表布製品，Ceramic 代表陶製品，Glassware 代表玻璃製品 |
| 混合法 | 用英文、數字、文字的混合進行排序的編號方法 | F12-R-44，其中 F12 代表斜棉布，R 代表紅色，44 代表 44 英寸的門幅 |

對物料的編號方法應該力求統一，這樣利於整體管理。整理好的物品分門別類排放在倉庫之中。

物料的存放若無特殊要求，則按其大小、高度、品質等採取適當有效的存放方法，一般的標準如下：

(1)堆放總高度一般限制在 3 米以下，置放料架時每層不超過 1.5 米。

(2)在放置物料時要考慮物料的品質，重的儘量放在下層，避免存放物料時發生意外。

(3) 較常使用的物品應儲存於靠近接收及搬運地區，以縮短作業人員往返時間的搬運成本。

(4) 常一起使用的物品宜放在同一區域，以縮短存取時間。

(5) 儲存設計時儲存位置應按照存放物品的大小而給予適當的空間，以確保能充分利用空間。

(6) 物品的存放以安全爲第一，危險物品的存放應採取一些安全措施，以維護存放作業區的安全。

(7) 物料員定期檢查物料存放是否規範，如擺放有誤應及時糾正。

除此之外還應注意，對於那些易腐蝕、易燃燒的等危險物料應以視覺化的方式註明，不合格品、合格品等也應通過看板標示出來，易於管理和使用。

## 第六節　合理配置車輛，提高搬運效率

合理配置搬運工具，可以有效減少物流搬運時間，提高物料的搬運效率，使搬運管理更加合理化。

在設置省時、省力的合理搬運路線的同時，對於搬運工具的選擇更是馬虎不得，搬運工具的選擇與搬運的物料量、運輸方式、距離等實際情況有關，是實現物流的執行工具。

爲了實現物料的合理化搬運，可以採用「水蜘蛛」的作業步驟，且可以發現生產線運行過程中的問題點，保證生產線的持續作業。「水蜘蛛」作業步驟如表 8-6-1 所示。

**表 8-6-1　作業步驟**

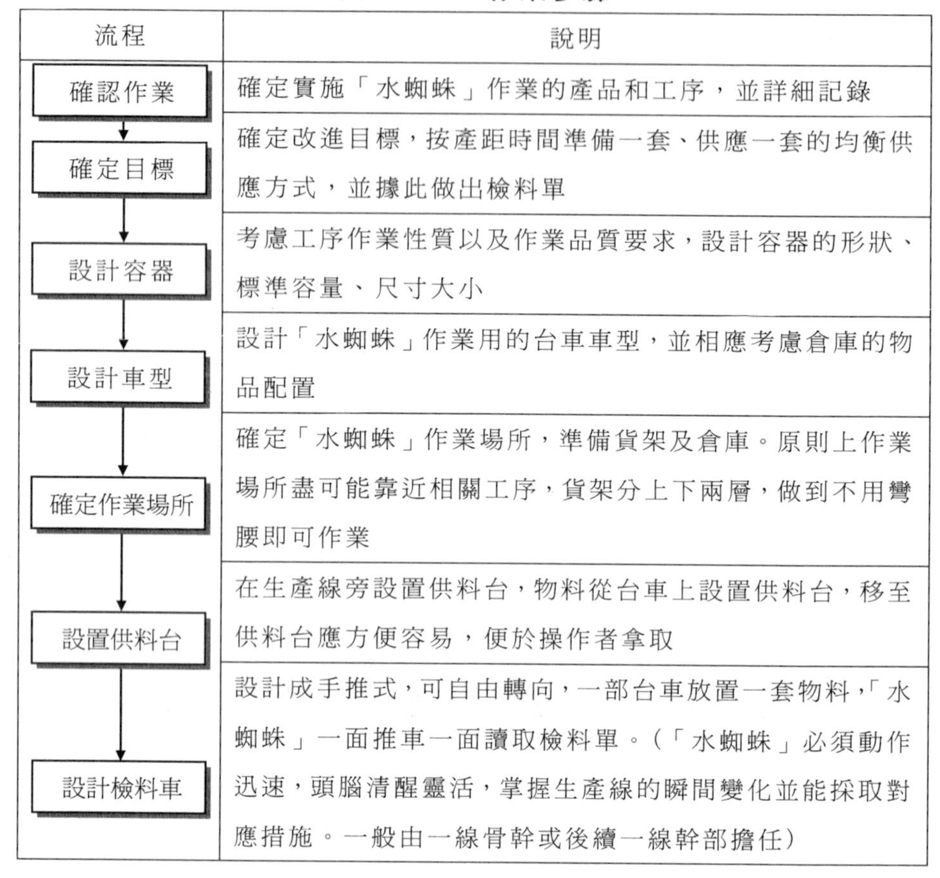

| 流程 | 說明 |
|---|---|
| 確認作業 | 確定實施「水蜘蛛」作業的產品和工序，並詳細記錄 |
| 確定目標 | 確定改進目標，按產距時間準備一套、供應一套的均衡供應方式，並據此做出檢料單 |
| 設計容器 | 考慮工序作業性質以及作業品質要求，設計容器的形狀、標準容量、尺寸大小 |
| 設計車型 | 設計「水蜘蛛」作業用的台車車型，並相應考慮倉庫的物品配置 |
| 確定作業場所 | 確定「水蜘蛛」作業場所，準備貨架及倉庫。原則上作業場所盡可能靠近相關工序，貨架分上下兩層，做到不用彎腰即可作業 |
| 設置供料台 | 在生產線旁設置供料台，物料從台車上設置供料台，移至供料台應方便容易，便於操作者拿取 |
| 設計檢料車 | 設計成手推式，可自由轉向，一部台車放置一套物料，「水蜘蛛」一面推車一面讀取檢料單。（「水蜘蛛」必須動作迅速，頭腦清醒靈活，掌握生產線的瞬間變化並能採取對應措施。一般由一線骨幹或後續一線幹部擔任） |

合理配置搬運工具，要從瞭解搬運工具開始。搬運工具大致可以分爲搬運車、牽引車和起升車輛 3 類。

**1. 多使用搬運車**

搬運車是搬運物料的設備，又叫託盤車。搬運車可以分爲 3 類。

(1)手動搬運車。完全依靠手工進行搬運的搬運車。簡單靈活，但負重能力較差，成本低。如手動託盤搬運車、手動液壓搬運車、電子秤搬運車等。

(2)半電動搬運車。不是全部依靠手工進行搬運的搬運車，有時依靠蓄電池等發電裝置進行搬運。使用較簡單，但負重能力也不是很強，成本一般。如半電動託盤車等。

(3)全電動搬運車。完全電動或電腦控制使用的搬運車。負重能力強，但操作複雜，成本高。如全電動託盤車、電動車盤搬運車等。

**2.配備牽引車**

有一種大型貨車，車廂與車頭可以互相脫離，前面有驅動能力的車頭叫牽引車，後面沒有驅動能力的車叫掛車，掛車是被牽引車拖著走的。牽引車可以分爲全掛牽引車和半掛牽引車兩類。

(1)全掛牽引車。掛車的前端牽

連在牽引車的後端，牽引車只提供向前的拉力，拖著掛車走，但並不承受掛車的向下重量。

(2)半掛牽引車。掛車的前面一半搭在牽引車後段上面的牽引鞍座上，牽引車後面的橋只承受掛車的一部份重量。

**3.配置起升車輛**

起升車輛用於搬運過程中貨物的升降搬運，可以分成平衡重式堆高車、側面式堆高車、前移式堆高車、插腿式堆高車、跨車、託盤搬運車等。

搬運工具除以上類型以外，還有用於預防安全作業的防爆搬運車、油桶搬運車等。進行搬運工具的合理配置，需要遵循以下要求：

(1)在不降低搬運成本的前提下，可以使用人力搬運的貨物儘量使用人力搬運。

(2)對搬運工具的選擇一定要考慮搬運物體的性質。例如：箱、袋或集合包裝物品採用堆高車、吊車、貨車裝卸，散裝液態物體可直接從裝運設備或者儲運設備裝取。

(3)不安全物品的搬運一定要選擇適合的搬運工具。由於不安全物品在搬運的過程中十分容易發生爆炸、火災等情況，所以在易燃易爆不安全物品的搬運過程中要注意安排選擇適當的搬運工具以降低搬運危險。

企業應該根據自己內部的具體實際情況以及搬運的性質和距離等合理配置搬運工具，提高搬運效率，在選擇搬運工具的基礎上注意及時預防處理搬運過程中的不安全因素，確保物流的暢通進行。

## 第七節　要使用搬運工具

科學使用和存放搬運工具，有利於提高搬運的效率，減少由搬運不合理造成的浪費和損失。

在合理配置搬運工具的基礎上，同時應該做好搬運工具的存放定置工作，按照工具說明書安全操作搬運工具，並對搬運工具進行定期保養，從整體上提高搬運的效率。

## 一、搬運工具的使用

搬運工具必須嚴格按照搬運工具使用說明書上的要求使用，以便提高搬運工具的使用效率。對於特殊物料的使用，應該注意合理使用搬運工具。

**表 8-7-1　特殊物品搬運工具使用方法**

| 特殊物品 | 說明 | 搬運方法 |
|---|---|---|
| 成件包裝物品 | 不需要包裝的物品 | 需要臨時捆紮或裝箱形成裝卸單元 |
| 超大超重物品 | 人力不方便裝卸搬運的物品 | 選擇可使用且省力的搬運工具 |
| 散裝物品 | 處於無固定形態的物品，如煤炭、水泥等 | 進行連續裝卸搬運或者運用裝卸搬運單元技術 |
| 流體物品 | 氣態或者液態物品 | 盛在瓶、罐等容器內，形成成件包裝物品或者採取相應的裝卸搬運作業使用罐裝車搬運 |
| 危險品 | 化工產品、壓縮氣體、易燃易爆物品 | 遵循特殊安全要求，嚴格操作程序，以免發生重大事故 |

科學存放和使用搬運工具，對於搬運工具的使用和保養定置階段進行嚴格要求，在一定程度上降低了搬運的成本，增加了企業的利潤。

## 二、搬運工具的存放定置

搬運工具的存放和定置包括兩部份內容，一是搬運工具的定置，二是搬運工具的存放及保養。

**1. 搬運工具的定置**

一部份小型、輕型，諸如手動搬運車等搬運工具由於經常性使用，存在倉庫內就會造成使用上的不方便，從而增加搬運的成本，所以，這類搬運工具應做好定置工作，放在生產現場以便及時使用。對搬運工具進行定置時，應遵循以下原則：

(1)應合理安排搬運工具的定置地點，原則是儘量靠近物料搬運區且不影響物流的通暢。

(2)一般使用黃色實線或者虛線定置搬運工具的存放區域。

(3)特殊的易造成危險的搬運工具，例如有些堆高車的叉臂頂部很尖，由於容易造成作業危險、影響物流的通暢，應該用雙層黃色警戒線對其進行定制，同時爲避免危險儘量在尖頭處套上防護膜。

(4)有些經常使用的可以移動的搬運工具可以定置在作業台的旁邊，以方便操作。

**2. 搬運工具的存放及保養**

不是經常使用的搬運工具，諸如自動搬運工具等，應存放在倉庫中，做好專人保管工作，提高搬運工具的使用效率。搬運工具要經常進行檢查、整理和清潔保養，以免發生運送過程中的故障、老化等現象，增加搬運的成本。

# 第 9 章

# 善用設備來減少浪費

## 第一節　設備管理是控制成本的基礎

如今，日本、歐美一些國家等製造業衰退的陰影還在影響著國內許多生產企業，使其在投資設備尤其是大型設備時非常謹慎。另外，小批量短線產品生產不斷擴大，而且產品類型變得更多樣，這就要求生產企業的設備具有相應的靈活性。

設備是固定資產，隨時日推進，漸有損耗；設備操作都有嚴格的操作規程，稍有不慎，無論保養，還是更換零件，設備都會瘋狂地「吃錢」。因此，設備管理成爲生產成本控制的基礎。

企業要想控制設備的投資、維護、修理、報廢等成本，可以從以下幾點做起合理配置生產設備；控制設備採購成本；培養自己的維修人員；減少設備投資。

## 一、設備採購的控制

大多數人在購物時都曾有這樣的體會，原本只想買一瓶礦泉水，可最後手裏卻多了滿滿的一袋東西。企業在採購、配置設備時也會出現同樣現象：原本的預算做得很好，可到實際配置時卻又無緣無故地多出了許多，從而使預算超額，花了很多冤枉錢。

現在，許多企業開始意識到這個問題，並且採取了相應的策略：一方面，開始在設備的功能、投資與長期回報之間尋找平衡點；另一方面，採用彈性的成本策略，與設備供應商及其他製造商謀求長期合作，以期持續增長。

因此，生產主管在配置設備前，要清楚企業需要什麼樣的設備、要達到什麼樣的效果、應將設備投資成本控制在什麼範圍之內等問題。只有這樣，生產主管才有可能將設備成本控制到位。

由於設備投資非常大，少則幾十萬元，多則幾百萬元，甚至上千萬元，採購時一定要慎重。在採購相關的設備時，生產主管要明確以下幾個問題。

**1.設備的性價比是否合適**

假如企業想追求低成本，有一款價格比較低但使用壽命比較短的設備可以選擇，但企業需要的是大批量流水線生產設備，如果採購了這些設備對企業來說絕對是得不償失的，只能讓企業徒耗時間和金錢。所以，生產主管在確定設備購置時，必須根據企業的實際情況，對設備進行綜合評定，判斷其性價比是否合適。

**2.使用設備生產是否能達到預期的效果**

雖然設備性價比合適，但達不到預期的效果，會直接或間接對企業產生不利影響。某印製廠先後引進數台國產印刷機，價錢都很便宜。但這些機器都存在一個問題：用上幾次之後，印刷機就會出現著色不均勻、顏色不正的情況。後來，該印製廠買了一套德國古登堡印刷機，價格是國產印刷機的十幾倍，配套油墨也很貴，但是沒有出現上面的情況，整體效率提高了好幾倍。該印製廠雖然上調了業務價格，但業務量卻在倍速增長。

**3. 設備的一些輔助功能是否有必要，以後是否用得到**

隨著技術的改進與發展，越來越多的企業開始追求設備的功能多樣化。於是，許多設備供應商和生產商都在技術和功能上大做文章，使得企業之間的競爭加劇，也使得設備功能越多越好的理念深入人心。

在某些情況下，要求提高製造技術的靈活性，改進設備性能，以求達到更快的生產速度、更高的公差精度等，這是完全可行的。事實上，許多設備購置後，只能發揮其主要的功能，一些輔助的功能反倒成了「擺設」。

## 二、控制設備採購成本的 4 種策略

**1. 公開招標和詢價採購**

在設備採購成本較大時，招標採購成爲企業的首選。在公開招標時，企業要遵循「公正、公平、公開、誠信」的基本原則。

貨比三家永遠是獲得質優價廉商品的不二法門。詢價採購正是貨比三家的具體體現。當企業的採購符合詢價採購要求時，可採用這種方式採購。對於選定的至少三家供應商，企業可以通過電話、傳真、E-mail 等方式詢問設備價格，比較設備的性價比，

從而獲得較有競爭優勢的價格。

在高度信息化的今天，企業有了更爲廣闊的空間發佈自己的招標公告，如各類專業的招投標網站、招標採購網站等。企業的很多信息都是公開的，利用 internet 發佈招標公告，無形中增加了企業的透明度，減少了採購人員「灰色收入」的機會，有效地杜絕了商業賄賂，從而更利於企業健康發展。

**2.交易電子化，減少採購成本**

internet 現在逐漸被越來越多的企業應用，它是企業展示自己的舞臺，也是企業有效控制成本的交易場。生產主管在進行設備採購時，可以到相關的「電子商城」進行比較篩選，從而減少採購成本和採購時間。

電子交易市場就是一個很好的例子。電子交易市場是國內較大的專業化網上鋼材交易市場。其鋼材招標採購網上競拍交易平臺包括競價系統和保障系統兩個部份。其中，保障系統包括保證金系統、品質監測系統和售後服務保障系統。斯迪爾電子交易市場進行全程跟蹤監督交易過程，以保證交易雙方的安全。

與傳統的招標採購相比，該平臺可根據工程的進度，將一個大工程所需採購的鋼材量拆分成若干個小標，分批連續進行招標。這樣做的好處在於：可以擴大競標範圍，大大增加參與競標的企業，實現充分競價；可以減少中間供貨流程，縮短供貨週期，減少庫存以節省資源；可以節省採購成本，招標手續費僅是傳統招標的 20%。

**3.關注國內外經濟大環境**

俗話說：「站得高才能看得遠。」而對企業來說，只有看得遠才能站得高。當企業中人人都帶著前瞻性的眼光看問題時，一切問題都不成問題了。即使國際大環境發生一點變化，也很可能因爲「蝴蝶效應」而使世界各地發生大的變化。所以，對生產主管來說，在採購設備時，應密切關注國內外環境，善於發現並把握機遇，才能爲企業節省採購成本。

**4. 借助供應商的資金運作**

設備採購活動伴隨的是資金運作，因而生產主管要善用企業的各種資源爲企業獲得更大的利益。企業信譽或資質就是企業的一種重要資產，生產主管可利用企業的信譽爲企業爭得減緩付款的期限。一般情況下，企業與長期合作的設備供應商都會約定一個付款期限。對大型設備供應商在資金運作上的彈性延期交付在一定程度上緩解了企業的資金壓力，並將壓力轉嫁到設備供應商身上。

## 第二節　使設備長壽的 3 種方法

**方法一：加強設備的日常保養**

百歲壽星越來越多，雖然與生活條件改善、醫療水準提高等有很大關係，但最重要的是壽星們在日常生活中的自我保養。

設備也是一樣，有自己的生命週期，而生命延長的關鍵在於保養。設備保養的好與壞，直接影響企業未來的生產與經營，以及企業的成本控制。因爲許多設備價格昂貴、現代化程度較高，一旦發生故障，維修費用也很高，有時會因缺少相應的配件而使設備停滯好長時間無法正常運轉，從而影響企業的整體生產進度。

一些企業認爲生產是第一位的，設備保養要爲生產讓路，可以任意取消。殊不知這種做法在很大程度上縮短了設備的壽命，增加了設備的部件負擔，直接降低了設備的精確度，進而使產品的品質和產量逐漸下降。

另外，企業只擁有先進的設備卻沒有很優秀的操作人員也是不行的。操作人員必須精於機器保養，把故障消滅在萌芽狀態，才能增加設備的壽命。

**1.讓設備保養觀念深入全體員工心中**

關於設備的保養，有一個歷史的發展過程。

第一階段，大概在 20 世紀 60 年代，老化式保養(現在有些企業還在用)。它主要是在機器老化時才進行修理；沒有配件管理及訂購計劃；沒有固定的保養計劃等。在這個階段，設備如果壞了，通常離報廢不遠，或者維修困難。

第二階段，大概在 20 世紀 70～80 年代，預防性保養。它主要是保養按照預定的時間段進行；有規定的保養表格可參照；沒有壞機時間記錄和分析等。在這個階段，可以相對降低機器的壞機概率。

第三階段，在 20 世紀 90 年代初，生產性保養。它主要是在成本、效率和效力之間形成的一種平衡狀態；有章可循，按設備的說明保養及更換配件；配件系統比較完善；設備可以在低成本、高產出狀態下運行。

第四階段，在 20 世紀 90 年代中後期，全員生產性保養，現在普遍使用。全員生產性保養是指一種從管理人員到操作人員，所有成員全部參與，力圖建立一種和諧的人機關係的保養方式。它由 5 個部份組成：

①自治性保養體制；

②靠個人進步來提高生產效率，減少浪費；

③計劃性保養體制；

④生產流程設計和設備管理體制；

⑤教育和培訓。

設備保養旨在預防設備故障的發生，具體體現在日常工作之中。因此，生產主管應讓每位員工瞭解設備保養的重要性。

⑴設備保養是個好習慣。

⑵設備保養的目的在於預防故障而非排除故障。

⑶設備保養既存在於工作中，又存在於工作之餘。

⑷設備保養費用遠遠低於維修費用。

⑸設備保養可減少因發生故障而影響企亞前生產情況。

⑹設備保養能提高企業生產的能耗效率。

⑺設備保養能延長設備的正常使用壽命。

**2.要有良好的設備保養制度保障，並勤於監督檢查**

雖然設備保養是個好習慣，但並不是每個人都會自覺地去做，這就需要制度的約束。對於設備保養，企業要有明確的規則，具體量化，責任到人，並結合相應的獎懲措施和監督檢查機制。在設備保養尚未成爲員工的一種習慣時，設備保養制度的魅力就體現出來了。有了良好的設備保養制度，就需要執行；有了執行，就需要有檢查與監督。生產主管的職責之一就是隨時檢查設備保養的情況，如圖 9-2-1 所示。

在嚴格執行設備保養制度的過程中，生產主管要求各級保養人員認真記錄，發現潛在的故障隱患，確保機器安全運行，同時，分析、總結其中的經驗教訓，進一步豐富和完善設備保養制度。

圖 9-2-1 生產主管對設備保養的職責圖

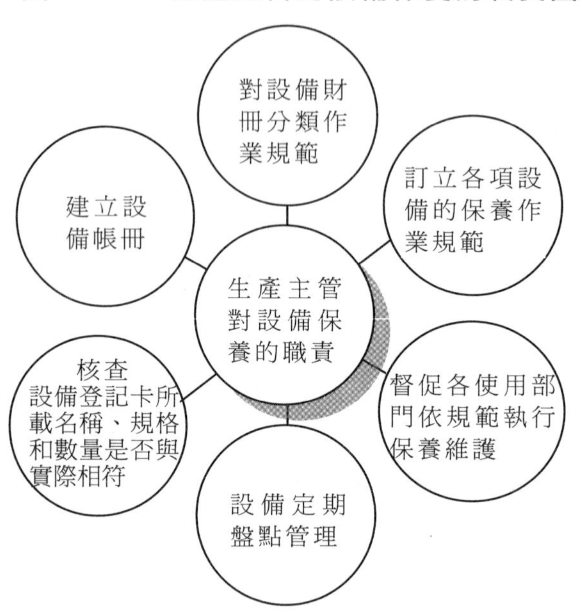


某公司規定：在每個季的第一個月，利用生產經營間隙，在全公司開展「生產設備保養週」活動。

該活動的目的在於：一是召開公司員工大會進行動員；二是各班組在規定時間內，對本組所有生產設備按標準進行保養，對工廠物品進行清理擺放，保持工廠、設備庫整潔；三是請工程部門在負責人設備保養、使用注意事項等方面對員工進行培訓；四是組織由公司主管、班組長參加的安全檢查和設備保養驗收。通過開展培訓、現場檢查等活動，該公司員工進一步提高了安全與設備維護意識。

**3.設備要分級保養**

三級保養是指日常維護保養、一級保養和二級保養。

⑴日常維護保養就是操作人員每天必須進行的例行保養。主要內容包括：班前、班後檢查，擦拭設備各個部位和注油保養，使設備經常保持潤滑清潔；班中認真觀察、聽診設備運轉情況，及時排除小故障，改善運轉條件，並認真做好交接班記錄。

⑵一級保養。以操作人員爲主，維修人員輔導，對設備進行局部解體和檢查，清洗規定的部位，疏通油路，更換油線、油氈，調整並緊固設備各個部位。

⑶二級保養。以維修人員爲主，操作人員參加，對設備進行部份解體、檢查和修理，即更換或修復磨損件，局部恢復其精度，對潤滑系統清洗、換油，對電氣系統檢查、修理。

設備性能的充分發揮關鍵在於操作人員的正確使用、妥善保養。保養工作必須扎實、細緻，如果只是流於形式、應付檢查，則不會取得實質效果。所以，培養員工的責任心是非常有必要的。

**4.將設備的磨損降到最小**

設備通常因爲長時間的操作會發生很大的磨損，從而影響設備的生命週期和生產品質。因此，將設備的磨損降到最小就成了延長設備壽命的重要保證。如何將設備的磨損降到最小呢？

⑴設備使用環境保持衛生，大大減少設備內外因髒亂而影響運轉的情況。

⑵保持設備本身乾淨。

⑶設備的清洗要從日常做起，並且要用制度來保證和監督。

⑷避免設備的過度運作，沒有生產任務時應及時斷電。

⑸及時更換磨損零件，將可能的隱患消滅於萌芽狀態。

**方法二：培養設備維修人才**

由於設備通常比較昂貴，有的甚至是進口的。一旦設備出現故障，修復就比較困難，而要等到專業技術人員趕到，通常耗時耗力。而經過維修的設備，通常會導致產品的產量和品質逐漸下降，維修費用也會與日俱增。

設備發生故障的原因可能來自設備本身，也可能是由對設備操作不當、保養不週引起的。無論設備故障是那種原因引起的，如果一味地外請專業技術人員進行維修，對企業都是一筆很大的負擔。隨著設備維修次數的增加，設備維修的費用也在增加，企業的負擔也會加重。那麼，企業該如何做呢？培養自己的專業技師、維修人員成爲一種必然的選擇，生產主管應擔負起這個責任。

企業的競爭其實是人才的競爭，而對人才培訓是企業最好的投資。對企業來說，自己培養的人才是最忠誠的、最值得信賴的；而專業的設備維修人才更是企業不可或缺的人才。

無論專業的技術人才，還是操作人才，都要接受專業的培訓，從而成爲企業的一部份。那麼，生產主管如何有意識地培養企業的設備維修人才呢？

⑴生產主管不僅要大力營造立足崗位、學技精藝的良好氣氛，還要加大表彰優秀技術人才的力度，提升他們的價值，形成尊重知識、勞動、人才、創造的好風氣，進而使員工養成人人愛學習、人人重創新的好習慣。

⑵生產主管要制定並落實維修人才培養規劃，做到有計劃、有目標、有措施、有重點，讓其感到培訓帶來的益處。

⑶形成一個設備維修的團隊，人人都能掌握過硬的專業技能，採用專門培訓或平時帶徒弟的方式，最終形成一個可以不斷複製的維修團隊。

**方法三：及時總結設備發生故障的原因**

古人有「每日三省吾身」之語，直接指出了反省、總結的必要性。人如此，企業也是一樣，一旦設備發生故障，就要仔細分析產生問題的原因，並切實採取措施，妥善解決，同時吸取教訓，有效防止類似情況再度發生。這是生產主管必須讓員工明白的一件事。對於每個人來說，設備保養工作貫穿於日常工作之中，而不必拘泥於規定的什麼日子、什麼時間，要通過看、聽、摸，善於發現問題，積極、妥善地處理問題，才能不斷提高個人的技術水準，爲企業創造更多的財富。

另外，生產主管要時時以「提高生產率、降低不良率、降低成本」爲目標，最大限度地滿足生產需要。爲此，生產主管應要求設備維修人員定期提交設備管理工作總結，以月、季或年爲單位，根據生產的需要及時做出相應的調整，如某設備的增加、縮減、報廢等。

心得欄 ------------------------------------

------------------------------------------

------------------------------------------

------------------------------------------

------------------------------------------

------------------------------------------

# 第 10 章

# 外包工作如何減少浪費

## 第一節　外包廠商的原材料使用管控

### （一）目的

爲加強對外協加工過程所使用材料的管控，減少損耗，降低材料費用，從而降低外協生產費用，特制定本方案。

### （二）適用範圍

本方案適用於工廠外協加工生產的原材料管理相關事項。

### （三）專人負責外協材料的控制

在外協加工生產作業中，工廠指定專人負責外協材料的管理，防止出現外協材料的丟失及賬目混亂等情況，從而增加協材料的成本支出。

⑴外協材料管理人員負責外協材料的發放、統計、管理等事

宜，掌握材料消耗實情並及時上報。

⑵外協材料管理人員根據確定的外協材料的消耗定額和外協計劃按照相關手續限額發放外協材料。

⑶外協材料管理人員應對外協材料進行詳細的記錄，包括領料人、領料時間、領料地點、數量，同時留下領料單中的一聯作為憑證進行保存。

### （四）確定及執行材料消耗定額

工廠應確定、控制在外協品中的材料消耗定額，減低材料的損耗、節約成本。

#### 1.確定合理的外協材料消耗定額

⑴技術部應根據產品的特點及相關歷史記錄確定產品材料消耗的定額。

⑵技術應結合產品的特點、材料的消耗定額及外協單位的生產狀況等，與外協方進行協商，確定外協加工生產作業中的材料消耗定額。

⑶確定外協材料消耗定額時應考慮材料的成本，材料成本與材料定額消耗成反比。

⑷外協品材料消耗定額不得超過工廠所定同類產品的材料消耗定額的5%。

#### 2.嚴格執行外協材料消耗定額

⑴外協單位在進行外協作業時所消耗的材料應達到工廠所制定的定額消耗指標，否則應按一定額度賠償工廠的損失。

⑵必要時，工廠可派出專業的技術人員協助外協單位改善生產技術流程，減少材料的消耗，達成外協材料消耗定額。

### （五）規定限額報廢指標並執行

在外協加工生產作業中，工廠應規定限額的報廢指標並進行控制，防止因材料的報廢率過高而導致工廠外協材料成本的支出增加。

**1. 確定限額報廢指標**

技術部確定外協加工生產作業中材料的報廢指標並通知外協單位。

**2. 根據限額指標處理報廢情況**

(1)工廠派出人員監控外協加工生產作業中的產品品質，通過不定時的抽檢、不定時的制程檢驗等手段防止發生報廢事件。

(2)外協加工生產作業中出現報廢品時，外協單位應及時通知工廠，工廠需派出人員協助查找原因，解決品質問題。

(3)工廠在必要時可派出專人到外協單位的生產現場進行全程監控。

**3. 損失賠償**

外協單位在作業過程中的產品報廢率超過工廠規定的報廢指標時，應根據外協加工生產協定賠償工廠的損失，包括材料損失、二次加工損失等。

### （六）材料回收與折價處理

**1. 減少浪費現象**

根據外協材料的成本，工廠應在與外協單位進行談判時確定相應的條款，避免外協材料成本的浪費。

**2. 價值較高的外協材料邊角料處理**

(1)同價值低的外協材料的邊角料的處理方式相同，即進行折價計算，抵扣外協費用。

⑵進行回收。

①回收外協材料的邊角料時需要與外協單位進行充分的溝通，外協單位負責暫時保管外協作業中所產生的外協材料的邊角料並隨同外協產品運回工廠。

②工廠在外協作業期間應經常派人查看外協邊角料的情況並及時進行記錄。

**3.價值低的外協材料邊角料處理**

工廠可通過與外協單位的協商對其進行折價計算，外協材料的邊角料歸外協方所有，其折算後的價值用以抵扣相關的外協費用。

## 第二節　包工包料的生產費用控制

### (一) 目的

爲加強對工廠包工包料生產費用的支出控制，降低產品的生產成本，根據工廠的實際情況，特制訂本方案。

### (二) 範圍

包工包料生產費用包括外包價格、談判費用及違約費用等。

### (三) 包工包料方式選擇控制

工廠選擇包工包料方式的決策依據如下。

⑴基於成本降低的原因，選擇包工包料生產的成本費用比自身生產的成本費用低，提高競爭力。

⑵基於技術或設備水準原因，工廠某些零件或產品的生產能力不足或難度大。

⑶基於生產產品結構調整、經營策略調整或風險轉移等。

### （四）合理確定候選外包商

工廠在確定產品的外包加工費時應對多家外包商的報價進行比較，通過對比選取外包服務性價比高的外包商，減少對包工包料加工費的支出。

#### 1.初選外包商

⑴採購部在日常工作中積極收集與工廠有關的外包商相關信息，並將外包商的基本資料按照外包品種的不同進行編號存檔。

⑵工廠的產品需要外包商加工時，採購部應在生產計劃編制後，根據現有的資料，向相關的外包商發送詢價單。

⑶收到外包商的詢價回單後，採購部初選外包商，選取不低於三家的候選外包商。

⑷工廠對外包商的初步選擇評估內容如下。

①能力，包括生產能力、配送能力、技術水準等。

②品質，包括其產品質量管理監督體系的完善程度、品質穩定性等。

③價格，包括外包價格、付款條件等。

④時間，包括其包工包料生產週期、交貨週期以及緊急外包交貨時間等。

⑤服務，包括售後服務、包工包料產品跟蹤服務等。

⑥其他，包括抗風險能力、安全生產情況、人員穩定性等。

**2. 確定合作的外包商**

⑴採購部通知候選外包商在規定的期限內按照工廠指定的品質、技術提供外包樣品，由工廠質量管理部門等相關部門負責評審。

⑵採購部與通過樣品評審的外包商進行外包合約談判，談定的各項內容應報總經理或主管副總審批，審批通過後由主管副總與外包商簽訂合約。

⑶外包合約中除雙方商定的條款外，還應包括技術保密協定及品質保證協定等相關內容。

### （五）確定合適的外包數量

工廠在包工包料生產時，應確定合適的外包數量，儘量降低外包成本費用。

⑴採購部根據當期生產計劃與下期生產計劃與生產部進行協商，儘量合理地擴大外包產品的單次加工數量，以便在與外包商談判時進行討價還價。

⑵採購部在與選定的外包商進行外協加工費談判時，根據工廠較大的訂單量，應儘量將加工費談到一個比較低的水準，減少包工包料費用的支出。

## （六）合約談判費用控制

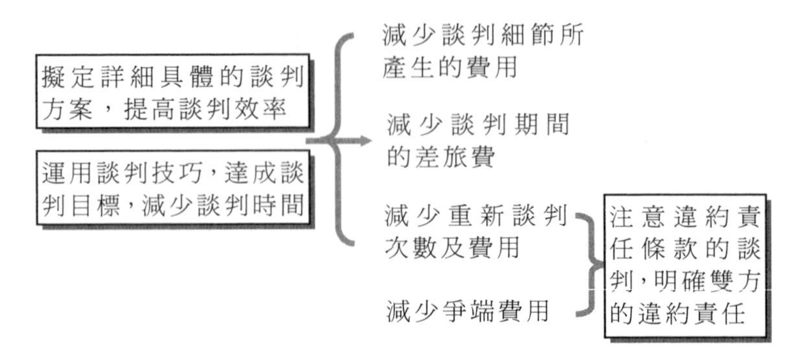


## （七）選擇合理的費用支付方式

工廠應根據實際財務狀況和外包商優惠策略，對比不同的支付方式，選擇成本費用較低的支付方式。

### 1. 一次性支付方式選擇條件

⑴工廠選擇進行一次性全額支付外包費用時，應比較此項付款的資金用於其他投資的投資報酬率。

⑵工廠進行一次性全額支付外包費用時，必須是在外協商的產品全部經工廠檢驗合格後。

⑶工廠需按照加工費用總額的 10%提取品質保證金。

### 2. 分期支付方式選擇條件

工廠在選擇分期支付外包費用時，應調查、計算分期支付的銀行利息等，權衡優惠條件，確定分期支付時可能發生的相關費用。

# 第三節　包工包料生產品質控制辦法

## 第 1 章　總則

第 1 條　目的

爲加強對包工包料生產品質的控制，確保工廠產品的品質，降低不合格損失，特制定本辦法。適用於外包包工包料作業的品質監控、包工包料品的品質驗收等相關工作。

第 2 條　職責

1.工廠設專人負責外包包工包料作業控制，負責品質信息回饋的整理並及時向質量管理部門回饋。

2.技術部負責提供產品，完成所需的技術資料。

3.管理部門負責編制品質要求，對外包過程進行檢查和負責驗收工作。

## 第 2 章　外包商評估選擇控制

第 3 條　採購部需對外包商進行考察和評定，確認具有相應承制能力的外包商方可進入合格外包商名錄。

第 4 條　採購部對外包商的調查內容

1.質量管理體系建立與完善情況。

2.是否有專職的質量管理和檢驗機構，管理制度是否完善，能否對生產過程實施有效的質量管理和控制。

3.生產、核對總和試驗設備能否滿足外包項目的加工、試驗、檢驗要求。

4.技術、生產、檢驗人員的技術素質是否與產品加工要求相適應。

5.生產過程是否有技術文件或作業指導書。

6.核對總和試驗記錄是否齊全。

7.生產過程的產品標識和狀態標識是否清晰、完整。

8.對不合格品是否有嚴格的控制措施。

9.計量器具是否進行了週期檢定。

10.生產環境條件能否適應生產要求。

第 5 條　工廠一般零件外包一般把生產、核對總和試驗設備，計量器具的週期檢定，不合格品的控制，品質記錄和原材料品質控制作為考察和評價重點。

第 6 條　工廠重要零件外包，除滿足上述要求外，一般還要求建立並通過質量管理體系認證，需對生產環境等提出特殊要求，嚴格控制生產過程。

第 7 條　合格外包商需具備適宜的生產能力、必要的監控手段、有效的保障機制。

## 第 3 章　外包合約控制

第 8 條　對重要零件外包，除簽訂正常的外包合約外，工廠還需簽訂外包的品質保證協定和技術協定。

第 9 條　品質保證協議由質量管理部門負責擬訂，技術協議由技術部門負責擬訂。

第 10 條　品質保證協定和技術協定中除了明確通常的品質控制要求外，還應規定以下內容。

1.針對外包過程的關鍵、重要技術過程，在產品實施前，組織必要的技術評審。

2.設立外包過程品質控制點，對關鍵、重要特性形成的過程進行重點控制，符合要求後方可進入下道工序。

3.明確品質控制點控制內容、介入時機、檢驗方法及驗收通過的準則。

4.明確最終驗收的組織、方式和提交驗收的文件，包括產品技術品質狀態、品質證明文件、產品測試報告、設計更改、器材代用和不合格品審理記錄等。

第 11 條　在實施外包的過程中，工廠與外包商均應嚴格執行品質保證協定，確保外包產品的品質水準。

## 第 4 章　外包過程品質控制

第 12 條　工廠需結合外包產品的重要複雜程度、週期要求等特點，制定適宜的外包過程品質控制方式。

第 13 條　外包商應根據工廠提供的技術圖紙、品質要求等生產外包產品。

第 14 條　所有外包生產工序應納入外包商品質保證體系，確保產品加工處於受控狀態。

第 15 條　外包商應對所有生產工序實施工序檢驗，凡設計技術圖紙上的特性、參數要求，均必須保留完整的實測記錄。

第 16 條　外包商在加工過程中如發現確因設計差錯而必須進行設計更改時，外包商須回饋信息到設計技術部門辦理設計文件更改手續。

第 17 條　外包商在生產過程中發生不合格品時，應按外包商的不合格品管理程序進行不合格品審核。

第 18 條　如外包商確認可利用不合格品時，需辦理不合格品利用手續，並需經工廠外包品質檢驗人員和技術部門同意後方能利用。

第 19 條　工廠規定產品原則上不允許代料，外包商如確需代料，需與工廠辦理器材代用徵詢手續。

## 第 5 章　外包產品質量檢驗控制

第 20 條　對於運輸到庫的外包產品，工廠外包品質檢驗人員、採購人員等需進行嚴格的檢驗評估，確保外包產品質量合格。

第 21 條　採購人員與品質檢驗人員根據外包生產清單，清點、核對到庫產品，確保數量、種類正確。

第 22 條　外包品質檢驗人員進行品質檢驗時，對於不符合產品要求的，進行不合格品審理。

第 23 條　工廠根據外包產品質量問題的性質和嚴重程度，對外包商提出品質問題歸零(過程清楚、責任明確、措施落實、嚴肅處理、完善規章)要求，並採取相應的糾正措施。

第 24 條　一般情況下，發生下列品質問題時，工廠需要求外包商進行品質問題歸零。

1.相同或相似外包產品在同一外協單位發生三次以上同類品質問題。

2.造成嚴重損失或對工廠聲譽造成嚴重影響的品質問題。

3.對重要產品發生品質問題的，視情況作出歸零要求。

第 25 條　品質問題歸零應形成書面報告，分析產生品質問題的原因，採取相應的糾正和預防措施，並確認在採取相應的糾正和預防措施後類似品質問題不再發生，產品達到指標要求。

第 26 條　對外包品質問題歸零的確認，工廠可採用書面方式或現場確認方式。

## 第 6 章　外包商工作品質考核

第 27 條　工廠對外包商工作品質考核分爲項目考核(完成一次交易)與年度考核。

第 28 條　外包商品質考核內容包括外包產品質量情況、品質文件完整性、品質檢驗報告情況、交貨期、外包商服務態度等。

第 29 條　外包商工作品質考核指標及評分方法如下表所示。

**表 10-3-1　外包商工作品質考核指標及評分方法**

| 考核指標 | 權重 | 計算方式或說明 | 評分標準 | 得分 |
|---|---|---|---|---|
| 交驗合格率 | 30% | 交驗合格產品數量<br>交驗產品數量 | 1.合格率≥___%，該項得滿分<br>2.合格率每低___%，減___分<br>3.低於___%時，該項得分爲0 | |
| 交貨逾期率 | 20% | 交貨次數<br>送交總次數 | 1.逾期率≤___%，該項得滿分<br>2.逾期率每高___%，減___分<br>3.高於___%時，該項得分爲0 | |
| 產品品質證明文件齊全率 | 15% | 實際產品品質證明文件移交<br>數量/按品質保證協定、技術協定及合約等要求必須提供品質證明文件數量 | 1.齊全率≥___%，該項得滿分<br>2.齊全率每低___%，減___分<br>3.低於___%時，該項得分爲0 | |
| 外包價格合理性 | 10% | 外包價格與調查瞭解的可類比的產品價格進行比較 | 1.外包價格低於可類比產品價格，得___分<br>2.外包價格與可類比產品價格相近，得___分<br>3.外包價格高於可類比產品價格，得___分<br>4.若發生一次嚴重逾期導致工廠重大損失的，此項得分爲0 | |

續表

| 考核指標 | 權重 | 計算方式或說明 | 評分標準 | 得分 |
|---|---|---|---|---|
| 檢測報告真實率 | 10% | 交付覆檢符合要求檢測報告數量<br>實際提供檢測報告數量 | 1.真實率≥___%，該項得滿分<br>2.真實率每低___%，減___分<br>3.低於___%時，該項得分爲0 | |
| 服務態度 | 15% | 1.發現品質問題能否及時解決，並按規定時間再次送檢<br>2.對提供產品能否按產品品質要求進行包裝、保護、裝箱週轉等 | 外包合作相關人員的綜合評價 | |
| 總計 | | | | |

第 30 條　外包商考核結果及運用如下表所示。

**表 10-3-2　外包商考核結果及運用**

| 考核得分 | 等級劃分 | 考核結果運用 |
|---|---|---|
| 90(含)～100分 | 一級外包商 | 簽訂長期外包合約 |
| 80(含)～90分 | 二級外包商 | 保持合作 |
| 70(含)～80分 | 三級外包商 | 重新進行評審，確認後合作 |
| 70分以下 | 不合格外包商 | 或取消合作 |

第 31 條　外包商考核結果是外包商優勝劣汰的依據，對合格外包商進行動態管理，確保外包商品質水準。

# 第 11 章

# 如何降低廠務管理費用

## 第一節　廠務部門的辦公費管理規定

### 第 1 章　總則

第 1 條　目的

爲進一步規範工廠辦公用品的管理，達到物盡其用、開源節流的目的，特制定本規定。

第 2 條　適用範圍

本規定適用於工廠辦公用品的請購、使用、維護和費用報銷等工作。

第 3 條　人員職責

1.工廠全體員工

全體員工應遵照此規定按需領用辦公用品，愛護辦公用具。

2.工廠行政部

行政部應嚴格控制辦公用品的採購，詳細登記辦公用品的使用情況。

3.工廠採購部

採購部應對採購物品進行比質、比價，選擇物美價廉的辦公用品。

4.工廠財務部

財務部人員應做好採購費用報銷工作，對不合格採購不予報銷。

## 第 2 章　辦公用品請購和申領

第 4 條　辦公用品的範圍

工廠辦公用品主要包括辦公文具、傢俱、電話、影印機、傳真等，不包括電腦設備、軟體、網路以及電腦耗材等。

第 5 條　辦公用品的請購

1.常用辦公用品的請購由行政部人員依據每月用量及庫存情況，於每月月底進行統計請購。

2.非常用辦公用品的請購

非常用辦公用品是指工廠行政部從未採購過的用品。各部門如需使用，首先須報本部門經理審批並經行政部經理核准後，方可由行政人員請購。

第 6 條　採購申請的審批

任何辦公用品的請購，必須填寫請購單並在相應欄目註明所請購用品名稱、規格、數量及單價等，最後經行政部經理審批後方可購買。

第 7 條　辦公用品的採購

1.採購人員須依據行政部審批的請購單要求進行採購，如有疑問須即時回饋，否則，發生採購錯誤的責任由採購人員承擔。

2.採購人員在採購辦公用品時，務必把握「貨比三家、物美價廉」的原則，確保所購用品的品質。

3.所有辦公用品(價值在 100 元以上的)均須在文具(辦公用品)批發市場購買，且必須有收據或發票(以加蓋印章方爲有效)，另外還須提供購買處的位址及電話，以便市場調研。

第 8 條　辦公用品的領用

1.工廠辦公用品統一由行政部保管和發放，各部門根據需要按領用規定到行政部文員處領取。

2.各種紙張、文件袋、膠水等易耗品可由本部門主管、經理或總經理簽字同意後領用，且同件物品每次只能領取一件。

3.領用圓珠筆、塗改液、筆記本等常用品時，除需本部門主管或經理、總經理簽字同意外，還須注意領用週期，原則上領用週期爲三個月。

4.簽字筆原則上只允許財務人員、銷售人員及主管級以上管理人員領用，且領用週期原則上爲一個月，其他人員須領用的，須經行政部同意方可。

5.對於計算器、打孔器、電話機、軟碟、墨水匣等貴重用品的領用和更換，除需本部門主管或經理、總經理簽字同意外，還須經行政部經理審批後方可領用。對於墨水匣，領用時須以舊換新。

6.凡領用人員離職時，應歸還已領用的辦公用品(易耗品視情況而定)，如有丟失須按原價的兩倍扣罰。

## 第 3 章　辦公用品使用和維護

第 9 條　辦公用品的使用

1.各部門應本著節儉、節約的原則按需使用辦公用品，杜絕浪費。

2.對於內部聯絡用的文書，盡可能利用使用過的紙張反面或廣告廢紙；對於已使用完的筆具，原則上只能領用筆芯，且須以舊換新；筆記本由行政部按個人領用數量於年底統一回收，如因丟失等原因無法歸還的，按工廠規定進行扣罰。

3.對於傳真、印表機、影印機等用品，工廠人員必須按使用說明規範操作，不得故意損壞或私自拆卸。

第 10 條　辦公用品的維護

1.行政部人員應對需要保養的辦公傢俱和用品進行養護，必要時採取防蟲、除塵等保護措施。

2.倉儲部應會同行政部一年盤點兩次辦公用品，對於需要報廢的物品進行報廢申請和處理。

## 第 4 章　辦公用品的費用報銷

第 11 條　各部門辦公費標準

行政部和採購部應按照工廠各部門辦公費標準進行費用控制，各部門辦公費標準如下表所示。

**表 11-1-1　各部門辦公費標準**

單位：元/月

| 生產部 | 技術部 | 質量管理部 | 採購部 | 倉儲部 | 行政部 | 人力資源部 | 財務部 |
|---|---|---|---|---|---|---|---|
| 100 | 50 | 50 | 40 | 40 | 30 | 30 | 30 |

第 12 條　辦公費用報銷流程

1.經辦人必須填好單據，並附上請購單及相應的發票、入庫單、送貨單等證明其業務過程手續完備的資料，才可以交報銷單。

2.報銷單據必須經過經辦人簽字、部門主管審核、交給總經理簽批後，財務部方可審單報銷。

3.財務人員有責任對辦公用品的採購價格和金額提出疑義，並由採購人員提供證明作答，以保證價格水準和採購費用在控制的範圍內。

第 13 條　辦公費用控制說明

如未經部門主管同意，辦公用品消耗和採購超過規定數量的，從工資中扣除多領取用品的費用。如發現挪用、貪污和浪費辦公費行爲且情節嚴重的，工廠將予以嚴肅處理。

## 第二節　工廠水費控制規定

### 第 1 章　總則

第 1 條　爲消除工廠的用水浪費現象，嚴格控制工廠生產用水消耗，降低工廠水費，結合工廠的實際情況，特制定本辦法。

工廠主要採取節約用水、減少用水浪費等方式控制工廠水費的支出。

### 第 2 章　職責劃分

第 2 條　爲更好地指導各工廠做好節水工作，加強對工廠生產用水的監管、減少浪費，工廠特設節水辦公室。

第 3 條　節水辦公室每年根據本市節水辦公室下達的用水指標，制訂工廠用水計劃，並明確生產工廠用水計劃和生活用水計劃。

第 4 條　生產部根據工廠節水辦公室制訂的生產用水計劃，按工廠(或產品)分解用水計劃，並組織各工廠、班組研究節水措施。

第 5 條　節水辦公室指定專人負責節水工作，根據生產用水計劃制定各工廠、各班組的用水指標。

第 6 條　節水辦公室組織開展節水先進個人、先進班組等評比活動，定期對節水標兵及先進班組予以表彰和獎勵。

## 第 3 章　開展節約用水活動

第 7 條　節水辦公室在生產區、工廠等場所張貼節約用水宣傳掛圖、條幅和彩旗等，以宣傳節約用水的生產方式和生產活動。

第 8 條　節水辦公室根據本工廠的實際生產情況，結合約類企業節約用水的經驗和有效做法，印製生產節約用水小手冊或宣傳單，人手一冊，介紹在生產過程中節水的好方法和基本知識。

第 9 條　節水辦公室定期介紹與工廠相關的節水型設備和產品，分享採用先進節水技術和生產技術的經驗。

第 10 條　各工廠可根據本工廠自身節約用水的需要，加強員工節水技術及政策的培訓，組織開展節約用水講座。

第 11 條　工廠定期組織開展員工節約用水知識競賽。

第 12 條　工廠組織生產工廠及班組開展「我爲節約用水獻計獻策」活動，徵集員工對節水工作的建議，並對提出合理化建議的員工給予獎勵。

## 第 4 章　實施工廠節水設施管理

第 13 條　工廠需維護、改善供水管道、水龍頭及配套設施。

1.調整供水水壓，在保證生產需求的前提下，儘量降低水壓。

2.改造自來水管道。

第 14 條　工廠需根據各班組的用水情況，選擇重點部位安裝水錶、閥門，以方便統計用水量且有利於控制出水量。

第 15 條　工廠有計劃地更換或改造較費水的水龍頭，拆除多餘的水龍頭，從專業廠商處採購節水型水龍頭。

第 16 條　在條件允許的情況下，工廠在工廠推廣經濟適用的節水技術，如生產用水重覆利用技術、高效冷卻水技術、乾洗清洗、噴淋清洗等節水技術，並對重點技術採取節水措施。

## 第 5 章　計量與檢查工廠生產用水

第 17 條　工廠在生產工廠普及水錶計量，以便如實統計各作業單位的用水量和節約用水的定量考核。

第 18 條　節水辦公室指定專人定期統計工廠各作業單位的用水量，並如實呈報節水辦公室。

第 19 條　節水辦公室定期或不定期地巡視工廠的各用水點，從跑、冒、漏、滴、長流水、重覆利用等方面進行檢查，確保各工廠嚴格貫徹工廠的節水措施。其具體檢查內容如下表所示。

**表 11-2-1　工廠節水情況檢查表**

| 項目 | 檢核要點 | 檢查結果 | | 備註 |
|---|---|---|---|---|
| | | 是 | 否 | |
| 工廠節水項目 | 自來水管是否漏水 | | | |
| | 水龍頭的墊襯是否做定期檢查 | | | |
| | 水龍頭夜間是否關好 | | | |
| | 多餘的水龍頭是否廢除 | | | |
| | 用過的水是否重新利用 | | | |
| | 是否利用工業用水 | | | |
| | 是否定期檢查水錶 | | | |
| | 自來水栓是否是旋塞栓 | | | |

第 20 條　節水辦公室檢查人員若在檢查過程中發現不合理用水、浪費水的現象，有權對當事人及其主管人員進行指正。

第 21 條　作爲各作業單位或人員的日常考核項目之一，檢查結果由節水辦公室呈報行政人事部。

第 22 條　節水辦公室設立浪費用水、污染環境的舉報電話和投訴箱，以積極發揮基層員工的監督作用。

## 第三節　工廠電費控制規定

### 總則

第 1 條　目的

爲加強工廠用電管理，在保證工廠正常生產的情況下，控制工廠電費支出，減少不合理支出，根據國家相關法律法規，結合工廠的實際情況，特制定本規定。

第 2 條　適用範圍

本規定適用於工廠生產部及工廠電費控制各相關事項，包括用電、節電、用電檢查等。

第 3 條　職責

工廠設節電辦公室，加強對工廠生產用電的監管，指導工廠做好節電工作。

1.節電辦公室每年根據國家及本市對工廠生產用電或設備用電的要求，制訂工廠用電計劃。

2.按工廠(或產品)分解用電計劃，並組織各工廠、班組研究節電措施。

3.加強對生產過程中用電的監督、檢查。

第 4 條　本規定指的工廠電費控制主要通過執行分段用電、改善設備用電、審查監督臨時用電及開展節約活動等方式實現。

## 充分運用分時電價政策

第 5 條　工廠節電辦公室應及時掌握國家電力主管部門、各級物價部門、各級電力部門關於電價優惠的相關政策，對適合工廠的優惠政策需進行瞭解、分析，並將其作爲依據，合理地制定好優惠時間、優惠項目內產品的生產數量和生產指標。

第 6 條　節電辦公室加強對生產各工廠、各班組分時電價宣傳，把分段電費價格、時間段宣傳到班組，並與班組生產指標、考核掛鈎，以提高廣大職工分時計價的意識。

第 7 條　生產調度員根據分時電價原則合理安排生產任務，儘量將生產任務安排到平段和谷段進行,保證設備高負荷地運行。

## 工廠設備節約用電

第 8 條　工廠積極推廣用電設備經濟運行方式，及時改造和淘汰國家限制、禁止的生產用電設備。

第 9 條　工廠對工廠的照明線路進行改造，逐步淘汰舊照明燈具，採用新型高效節能燈。

第 10 條　各工廠對自身照明裝置進行核查，根據時間、地點及天氣等情況確定合理的照明分配方案。

第 11 條　工廠需確保照明自動投入裝置正確、好用，並指定專人負責手動切換。

第 12 條　生產辦公室冷氣機溫度最低不低於 26℃，要求複印、列印設備避開峰段在谷段時間集中使用。

第 13 條　工廠生產輔助設備的投入應根據負荷情況及時調整，以提高輔助設備負荷率，避免出現「大馬拉小車」的情況。

第 14 條　設備應根據其運行情況和生產計劃及時啓停，啓停作業需嚴格按設備操作規範執行。

第 15 條　工廠需加強設備的監視及分析工作，設備有故障時，操作人員需及時聯繫維修人員處理，嚴禁無故停用。

第 16 條　對變壓器的負荷情況進行統計分析，對於長期輕載運行的變壓器所帶負荷的電源進行更改，提高運行變壓器的負荷率，減少輕載變壓器的運行數量。

第 17 條　對生產工廠的一些可控設備實施重點管理，管理辦法如下表所示。

**表 11-3-1　生產工廠相關設備重點管理辦法表**

| 設備名稱 | 設備運作特點及重點管理辦法 |
|---|---|
| 熔煉設備（如保溫爐） | 1.熔煉爐（保溫爐）必須 24 小時運行，難以錯峰用電<br>2.通過加強設備維護、人員配備等措施，將熔煉工廠產能最大化，以減低單位電耗 |
| 後加工設備（如粗精軋機） | 1.用電消耗量大，改三班制生產爲兩班制生產，實行早、夜班生產的計劃，從而避開中班用電峰值<br>2.將換軋輥時間儘量安排在峰值時段 |
| 大型拉絲設備 | 1.大型拉絲設備的功率大，可間斷生產<br>2.合理編排計劃，平、谷時段最大限度發揮設備產能，減少峰值時段的啓停機時間 |
| 機修設備 | 機修工廠對設備保養或檢修時儘量安排在峰段，而將生產不急需的配件及自製設備的焊接、車銑加工安排在平段或谷段進行 |
| 輔助設備 | 1.將原料打包、成品檢驗等輔助生產人員安排在峰段就餐，以節省峰段用電時間<br>2.強化對輔助設備的管理，確保正常生產，降低單位電耗 |

## 工廠臨時用電控制

第 18 條　臨時電源的接引必須由用電班組提出接引申請，由所在工廠審核並指定接引位置及接引負荷，通過生產部經理審批後方可由用電班組於指定的位置進行接線工作。

第 19 條　臨時用電工廠有關人員必須測量好用電設備的負荷大小，用電設備的負荷不能大於開關容量。

第 20 條　生產部對臨時用電班組進行審查，對臨時用電的形式、部位進行確認，掌握臨時用電狀況，檢查用電情況。

## 工廠用電檢查與獎懲

第 21 條　各工廠、各班組之間進行節能考核，將考核結果納入到各工廠主任、各班組長的月考核中，並與相關人員的績效工資掛鈎。

第 22 條　各工廠、各班組相關人員均應認真填寫統計表，計算每月節電效果，分析原因、總結經驗，爲下一階段的節電工作打下堅實基礎。

第 23 條　生產部對生產工廠的節電工作進行檢查和監督，定期統計各工段用電量，並結合產量、產品結構做詳細對比，以便精確掌握數據，宏觀調控電能損耗。

## 第四節　工廠工具費用控制細則

**總則**

第 1 條　爲控制工廠工具費用支出，規範工具保管、領用、以舊換新、移交、報廢等程序，避免工具的超標領用及調任無交接等現象，減少浪費與損失，特制定本控制細則。

第 2 條　本細則對工廠工具費用的支出控制主要是通過制定並執行工具消耗定額及儲備定額，領用退還控制，檢查賠償控制等方式進行的。

第 3 條　工廠在各生產工廠設立工具室，負責工廠生產作業的工具供應工作，設備管理部負責對工具進行統籌管理。

第 4 條　工廠工廠工具種類繁多，常用工具有切削工具、測量工具、模具、夾具、扳鉗工具、風動工具、電動工具、金屬模型、焊切工具等。

第 5 條　相關定義

1.工具消耗量。指工廠爲完成生產任務所要消耗工具的總量。

2.工具的消耗定額。指在一定的技術裝備和生產技術組織條件下生產一定數量的產品需要消耗工具的量，是編制工具採購、生產計劃，發放工具以及考核工廠、班組及工人使用工具狀況的依據。

3.工具的儲存額。指爲使工廠的生產不發生間斷而需要儲備一定數量的工具。

## 工具消耗定額控制

第 6 條　工具消耗定額由工廠設備管理部、生產部會同財務部，根據前期實際消耗情況，按照單位產量消耗工具費用或全月消耗工具費用的總額制定。

第 7 條　相關人員在編制工具消耗定額時，需考慮相關因素（如下表所示），制定切實可行的工具消耗定額。

**表 11-4-1　影響工具消耗定額的因素分析**

| 序號 | 影響因素 | **說明** |
|---|---|---|
| 1 | 設備先進性和新舊程度 | 現代化設備和新設備所需工具的消耗較小 |
| 2 | 作業人員技術熟練程度和工作積極性 | 技術熟練程度高，工作積極性高，有利於工具正常、節約使用 |
| 3 | 生產任務的安排狀況和動力的供應狀況 | 均衡安排生產有利於設備能力的充分發揮，降低工具的消耗設備所需動力的連續、穩定供應有利於降低工具的消耗定額 |
| 4 | 管理水準高低情況 | 提高管理水準可降低工具消耗，日常的維護、保養、宣傳以及教育等工作的開展情況，將直接影響工具消耗的高低 |

第 8 條　工具消耗定額下達到工廠，工廠進一步落實到班組、個人，每半年或最長每一年修汀一次。

第 9 條　爲避免停產等待工具造成損失，或因工具儲備數量過多造成資金佔用過多、增加庫存成本和損耗等，工廠需制定工具的儲備定額。

第 10 條　工廠工具的儲備定額根據工具消耗定額、歷史經驗、採購週期等確定。

## 工具領用與退還控制

第 11 條　設備管理部根據設備機台使用工具情況統一制定工具發放標準。

第 12 條　工具領用原則

1.各設備機台負責人的首次領用必須在領用標準範圍內。

2.換領必須以舊(壞)換新。

第 13 條　首次領用工具時，須填寫「工具領用單」，註明用途和保管責任人，交工廠主任簽准後領用。

第 14 條　以舊(壞)換新時，由工具檢驗人員鑑定工具的好壞，屬人爲造成的損壞由責任人承擔責任。

第 15 條　原工具丟失或在最低使用限期內損壞的，由責任人按規定賠償後方可再重新領用。

第 16 條　相關人員調職或離職時，在其填寫調職或離職單的同時，由人力資源部發給其「工具移交表」一份，由調職或離職人員持表到工廠工具室退還工具。

第 17 條　移交時，如有工具不夠數量，則工廠工具室應在工具移交表上簽字並註明缺少的工具及價格，由財務部從其工資中扣除。

第 18 條　工廠工具室收回舊工具時必須認真檢查，如仍可用，則請領用人繼續使用；如可修復，可聯繫相關專業人員修復。

第 19 條　如工具有一定損耗但不影響使用，工廠工具室應儘量請領用人領用可用的舊品。

第 20 條　舊品領用只需以舊換舊，不需填寫工具領用單。

## 工具借用控制

第 21 條　爲方便常用工具的借用，工廠工具室可設部份常用操作工具備借，也可辦理臨時借用。

第 22 條　工具借用必須填寫「工具借用申請單」，說明借用時間、歸還時間、用途、保管責任人等，經工廠主任簽字後，方可借用。

第 23 條　工廠工具室負責借出工具的催還，如有丟失或損壞，按規定賠償。

第 24 條　工具歸還時，工廠工具室在「工具借用申請單」上簽名確認。

## 工具檢查與賠償控制

第 25 條　設備管理部及生產工廠負責定期或不定期地檢查操作工具的保管情況與使用情況，如發現有私自購買的劣質工具，則設備管理部有權沒收。

第 26 條　檢查人員如發現工具有未過最低使用期的損壞、遺失等影響操作的情況，應責其責任人在一定時間內補齊工具，也可自己補購或賠償後重新領用。

第 27 條　工具賠償工作按如下規定執行。

1.工具丟失，由責任人賠償原價。

2.使用限期內損壞，以舊(壞)換新前必須賠償。

3.生產工廠向財務部提供工具領用單或工具賠償單，由財務部直接從責任人當月工資中扣除。

# 第五節　廠務部門的招待費管理規定

## 第 1 章　總則

第 1 條　目的

爲保證工廠招待費的合理使用，提高效能、增加透明度，培養員工勤儉自律的良好工作作風，特制定本辦法。

第 2 條　適用範圍

本辦法適用於工廠招待費用的申請、使用、報銷和監督工作。

第 3 條　人員職責

工廠全體人員應遵照此辦法使用和控制招待費。

## 第 2 章　招待費使用審批

第 4 條　招待費範圍說明

招待費是指與工廠業務有關的，便於工廠爲協調、理順與各有關單位、部門的工作關係以及因特殊情況而發生的餐飲娛樂及相關費用。

第 5 條　接待規格和標準

各招待部門需要嚴格遵守 A、B、C 三類接待規格和標準。具體內容如下表所示。

## 表 11-5-1　接待規格和標準

| 規格 | 來訪者和事由 | 接待標準 | |
|---|---|---|---|
| A類 | 1.中央首長、市政府首長等重要來賓<br>2.建立或維護公共關係<br>3.考察、洽談重大業務 | 陪同標準 | 本工廠總經理作爲主要陪同 |
| | | | 董事局主席或集團總裁指定、委託專人陪同 |
| | | | 總部由董事局主席或集團總裁專門陪同 |
| | | 佈置標準 | 鮮花、水果、飲料、紙巾 |
| | | | 噴泉、燈光、影音設備等 |
| | | 用車標準 | 高級禮賓車迎送 |
| | | 宴請標準 | 董事局主席、集團總裁或工廠總經理出席 |
| | | | 指定代表出面宴請的，實報實銷 |
| | | | 工廠總經理出面，每人100～120元 |
| | | | 由代表出面的，每人80～100元 |
| | | 住宿標準 | 四星級套房以上 |
| | | 禮品標準 | 可贈送有工廠文化特色的紀念品 |
| B類 | 1.地市級政府部門<br>2.事業單位官員的考察<br>3.業務洽談性來訪<br>4.建立或維護公共關係 | 陪同標準 | 工廠總經理陪同 |
| | | 宴請標準 | 工廠總經理接待，每人70～90元 |
| | | | 由代表出面的，每人60～80元 |
| | | 住宿標準 | 三星級標準間以上 |
| | | 禮品標準 | 贈送有工廠特色的紀念禮品 |
| | | | 其他中檔禮品 |
| C類 | 以參觀學習爲目的的來訪 | 陪同標準 | 接待部門經理或主管陪同 |
| | | 住宿標準 | 三星級標準間 |
| | | 宴請標準 | 接待部門出面，人均60元 |
| | | 禮品標準 | 贈送有工廠文化特色的紀念品或不贈送 |

第 6 條　工廠各部門應嚴格控制招待費用，確實需要的，必須根據事由及對象確定類別、檔次和費用標準。

第 7 條　負責接待的部門應先填制「接待審批單」進行費用預算，報相關部門審批後方可進行招待活動。「接待審批單」的樣式如下表所示。

**表 11-5-2　接待審批單**

申請人：　　　　　　　　　　　　　　日期：____年___月__日

| 來訪單位信息 | 單位名稱 | 主要人員和職務 | 來訪人數 | 來訪目的 |
|---|---|---|---|---|
| | | | | |
| | 情況說明 | | | |
| 接待地點及標準 | | | | |
| 接待預算 | | | | |
| 陪同人員 | | | | |
| 住宿安排 | | | | |
| 紀念禮品 | | | | |
| 經辦部門意見 | | | | |
| 行政部意見 | | | | |
| 工廠總經理批示 | | | | |

第 8 條　接待部門主管根據「接待審批單」的內容對預算進行審核，如超出審批權限，須報上一級批准。

第 9 條　接待費由財務部門根據審批後的費用數額借支。

## 第 3 章　招待費使用控制

第 10 條　招待費的使用必須遵循「勤儉節約、效能優先」的原則，能免則免、能省則省，工廠全體員工一律不允許使用公款大吃大喝。

第 11 條　招待費的使用應嚴格以「接待審批單」中的最終審批數額爲最高限度，嚴禁超支。

第 12 條　招待費的使用只限於招待來賓用餐、娛樂以及購買禮物，任何人不得挪作他用。

第 13 條　用餐完畢，原則上不允許到營業性酒吧、歌舞廳等娛樂場所消費，如確實有此需要，必須經上級部門批准後方可施行。

## 第 4 章　招待費報銷程序

第 14 條　接待工作結束三日內，經辦人應先塡寫費用報銷單，必須在清單中寫明招待費用發生的時間、地點、事由、單位、人員、金額、作陪人員等。

第 15 條　經辦人將活動發生的各項費用發票按時間順序整齊地粘貼在報銷單背面，並附上「接待審批單」到財務部辦理報銷手續。

第 16 條　各項發票需經招待部門主管人員簽字後方可視爲有效的費用發票。

第 17 條　嚴禁報銷與工廠業務無關的招待費用。

## 第 5 章　招待費使用監督

第 18 條　財務部經理負責對招待費的使用情況進行全程監督，對嚴重違反本辦法的行爲有權向工廠總經理直接報告。

第 19 條　財務部門負責定期統計對招待費的使用情況及其佔預算總額的比例等情況，統計成表呈報工廠總經理和相關部門主管人員。

第 20 條　工廠總經理必須在職工代表大會上就招待費使用

情況作彙報。

## 第六節 廠務部門的通信費管控辦法

### 第 1 章 總則

第 1 條 目的

為進一步加強工廠通信管理工作，統一集中管理、統一費用標準，特制定本規定。

第 2 條 適用範圍

本規定適用於工廠辦公用電話和按規定享受話費補貼人員辦公用的手機，工廠各部門可參照執行。

第 3 條 人員職責

1.行政部

(1)負責工廠通信工具配置和管理。

(2)負責超支通信費用的統計核算。

(3)負責工廠通信費用的統一繳納。

(4)負責年度通信費廠務公開工作。

2.財務部

(1)負責通信費用申請的審批工作。

(2)負責通信費用超支部份的扣除等成本核算工作。

### 第 2 章 通信工具配置管理

第 4 條 通信工具產權歸工廠所有，各使用部門和個人只有使用權，不得私自遷出或轉讓。

第 5 條　辦公電話的配置

1.生產工廠內線電話配置

工廠各工廠的控制室可配備一部電話，此電話使用工廠內部專網。

2.工廠部門程控電話配置

⑴工廠經理級以上人員的電話可開通國際、國內長途電話業務。

⑵行銷系統可根據需要向主管人員申請開通國內長途電話業務。

⑶各部門和各工廠可配置一部電話，僅限開通市話。

第 6 條　住宅電話的配置

工廠副總級以上人員可配置住宅電話。

第 7 條　個人手機的配置

⑴工廠經理級以上人員可配置手機。

⑵銷售、採購人員可根據需要配置手機。

## 第 3 章　通信費用支出標準

第 8 條　通信費用的定義

本規定所指的通信費是指工廠人員因業務或工作需要，使用自己或工廠的通信工具(手機、固定電話)而產生的通信費用。

第 9 條　通信費用的標準

工廠通信費用的支出標準如下表所示。

**表 11-6-1　通信費用支出標準**

| 通訊工具類別 | 類別說明 | 通信費用標準 |
|---|---|---|
| 工廠辦公電話 | 工廠經理級以上人員辦公電話 | 實報實銷 |
| | 工廠電話 | 各工廠開通的一部市內電話話費標準爲250元/月，其餘開通的專網電話費標準爲每部80元/月 |
| | 部門電話 | 每部電話的通信費用標準爲120元/月 |
| | 供應、行銷系統電話 | 採購部、物流部參照部門電話費用標準 |
| | | 銷售部電話費用標準根據部門規定執行 |
| 住宅電話 | 工廠副總級以上人員住宅電話 | 實報實銷 |
| 手機 | 總經理 | 500元/月 |
| | 副總級人員 | 400元/月 |
| | 經理級人員 | 300元/月 |
| | 主管人員 | 200元/月 |
| | 其他人員 | 其他人員的費用標準根據部門規定執行 |

第 10 條　除銷售業務員、採購業務員外，本工廠不爲員工購買手機、手機卡等，也不承擔因維修通信工具所產生的費用。

第 11 條　在報銷範圍內的員工應將自己的手機號碼在行政部登記備案，沒有登記的不予報銷。

## 第 4 章　通信費用統計繳納

第 12 條　辦公電話由行政部定期繳納，按照「單機考核、月統算、超支扣款」的辦法，下達扣款通知單並報財務部，由財務部從相關部門或員工的獎金中直接扣除。

第 13 條　個人電話費由自己繳納，每月報銷一次，報銷程序按財務部相關規定執行。如有超支，由部門主管根據部門預算處理，報主管副總審批，但工廠負擔一般不超過超支費用的 50%。

### 第 5 章　通信工具使用監督

第 14 條　工廠人員使用辦公電話前應對討論、商洽的事情稍加構思或略作記錄，通話時長一般以 5 分鐘爲限，注意禮節，長話短說，禁止打私人長途電話。

第 15 條　各級業務人員必須確保通信暢通，若在正常的工作時間內無法接通，每發現一次扣款 20 元，一個月出現兩次(包括兩次)以上無法接通的事故，則不予報銷費用。

第 16 條　因工作崗位調動或其他變動，通信費在調動或變動後的第二個月停止報銷，待人力資源部將調動或變動名單通知財務部後，由財務部根據最終調整結果，具體實施操作。

## 第七節　工廠會議費控制辦法

### 第 1 章　總則

第 1 條　目的

爲了加強工廠會議費管理，壓縮會議費支出，根據工廠關於加強和改進會議費管理工作的有關要求，特制定本辦法。

第 2 條　適用範圍

本辦法適用於工廠會議費的預算、審批以及監督管理工作。

第 3 條　人員責任

1.工廠各部門應按「精簡時效、節約開支」的原則，注重會議品質和效率，節約會議費用。

2.工廠行政部負責會議計劃制訂和提供相關會務服務，確保會議的順利召開。

3.工廠財務部應嚴格按照會議費用標準和審批要求辦理會議費用報銷工作。

## 第 2 章　會議費的計劃和預算

第 4 條　會議的計劃

1.行政部是工廠會議工作的歸口管理部門，負責匯總編制全工廠會議計劃，對工廠各部門組織的會議規模、規格、費用等進行統一管理和控制。

2.工廠會議實行月計劃管理，費用實行預算管理。無計劃、無預算的會議原則上不得召開，如遇特殊情況必須召開臨時性會議的，必須經工廠總經理批准後統一安排。

第 5 條　會議費預算

1.會議費用根據會議類別、規模、規格、時間等綜合因素進行預算。

2.會議費用開支項目包括餐費、住宿費、場地租賃費、雜費（文具、代表證、會標、印刷）、專家費等。會議承辦部門在會議召開前應填制《會議費預算表》，其具體內容如下表所示。

**表 11-7-1　會議費預算表**

承辦部門：

| 會議名稱 | | | | | | | |
|---|---|---|---|---|---|---|---|
| 會議議題 | | | | | | | |
| 會議時間 | | | | | | | |
| 會議地點 | | | | | | | |
| 參加會議對象 | | | | | | | |
| 參加會議人員 | | | | | | | |
| 會議經費預算 | 合計 | 住宿 | 伙食補助 | 場租費 | 交通費 | 印刷費 | 其他 |
| | | | | | | | |
| 審批意見 | 年　月　日 | | | | | | |
| 備註 | | | | | | | |

## 第 3 章　會議費的申請和審批

第 6 條　會議費的申請

會議承辦部門至少應在會議召開前 15 天將「會議申請表」提交行政部、財務部進行審批。

第 7 條　工廠會議分類

1.一類會議

行業協會以上單位組織的，要求工廠總經理或相關負責人參加的會議。

2.二類會議

由工廠總經理主持，行業專家、工廠管理層及相關主管人員參加的會議。

3.三類會議

工廠部門級別的內部會議。

第 8 條　會議費的標準

工廠會議費實行綜合定額控制，各項費用之間可以調劑使用。會議費綜合定額標準如下。

**表 11-7-2　會議費標準表**

單位：元/人・天

| 會議類別 | 房租費 | 伙食補助 | 其他費用 | 合計 | 備註 |
|---|---|---|---|---|---|
| 一類會議 | 250 | 80 | 70 | 400 | 含會議室租金 |
| 二類會議 | 150 | 70 | 50 | 270 | 含會議室租金 |
| 三類會議 | 50 | 50 | 30 | 130 | 含會議室租金 |

第 9 條　會議費的審批

會議費審批人員應根據「會議申請表」、會議類別以及會議費標準進行審批，嚴格控制發放範圍擴大化。未經事先書面請示批准的費用，一律不得受理。

## 第 4 章　會議費用的使用監督

第 10 條　會議原則上安排在工廠會議室內，會期爲一個工作日的，安排用餐；會期超過一天的，爲市區以外與會人員安排住宿，其他與會人員一般不安排住宿。

第 11 條　要儘量減少會務人員的數量，尤其是住會人員。除必須住會的會務組成員外，其他工作人員原則上回宿舍或家中住宿，工廠可根據實際情況報銷其乘坐計程車的費用。

第 12 條　財務部負責對會議費用使用情況進行全過程監督檢查，對於違反會議費用使用要求的行爲，要進行全廠批評和通報。

第 13 條　各部門會議費實行一會一報銷，報銷時需提供會議預算、發票等相關證明文件，並需經工廠總經理簽字。財務部門要認真把關，嚴格按規定審核會議費開支，對超標準或擴大範圍的開支不予報銷。

## 第八節　工廠差旅費管理細則

### 第 1 章　總則

第 1 條　目的

爲保證出差人員工作和生活的需要，進一步加強差旅費開支的管理，明確差旅費用報銷的標準，提高工作效率，達到更加合理、節約的目的，根據本廠的實際情況，特制定本細則。

第 2 條　適用範圍

本細則適用於出差期間交通費、住宿費、餐飲費、其他費用和相關補助的管理工作。

第 3 條　人員職責

1.出差人員

工廠出差人員應按規定辦理出差申請手續，並在批准的費用範圍內據實報銷差旅費用。

2.行政部

行政部負責審核出差申請，並做好交通票務、酒店住宿的預訂工作。

3.財務部

財務部主要負責支付預支款、報銷差旅費，審核員工差旅費等工作。

## 第 2 章　交通費的管理

第 4 條　出差交通工具的選擇

本工廠公出人員乘坐交通工具實行職級分類控制，憑票報銷。其標準如下表所示。

**表 11-8-1　出差交通工具的選擇標準**

| 職級 | 乘坐交通工具標準 | | | |
|---|---|---|---|---|
| | 火車 | 輪船 | 飛機 | 長途汽車 |
| 副總經理級別以上人員 | | 二等艙 | 經濟艙 | 按實報銷 |
| 副總經理級人員 | | 三等艙 | | |
| 經理級人員 | | 三等艙 | | |
| 主管級人員 | | 三等艙 | | |
| 其他人員 | | 三等艙 | | |

第 5 條　從嚴控制出差人員乘坐飛機

1.符合乘坐飛機條件的出差人員，可憑據報銷雙程機票和往返機場的專線大巴費用。

2.雖不在規定職級，但出差地較遠、任務緊急的，經行政副總批准，可報銷單程機票。

3.未經批准而乘坐飛機的，按照相應職級享受車船費標準報銷，超支部份自理。

4.因機票優惠乘坐飛機的，如機票價格低於本人享受的車船費標準，可按機票報銷。

第 6 條　退票手續費

因出差往返時間臨時變動發生的退票手續費，須本人寫明原因，經本部門相關負責人批准後，憑正規票據報銷。

第 7 條　火車訂票費

對於出差人員爲節約出差時間，提前預訂火車票而發生的火車訂票費，可按火車票張數及正規票據報銷 5 元/張的訂票費。

第 8 條　出差期間市內交通費

出差人員出差期間市內交通費實行包乾辦法，不憑票據報銷，補貼標準如下。

1.補貼標準爲 70 元/人・天，可按出差人員在執行公務當地的自然(日曆)天數計算；出差人員在往返途中乘車(船、飛機)期間，不計發市內交通補助費。

2.出差人員自帶交通工具或接待單位提供交通工具期間，市內交通補助費減半。

第 9 條　交通費報銷的其他說明

1.出差人員所發生的屬於個人保險性質的費用，不予報銷。

2.對各種車、船、機票的上門送票費用、站臺票不予報銷。

3.出差人員趁出差繞道觀光或就便辦事，其繞道發生的車船費用自理，相關補助費剔除。

4.出差人員如選擇乘坐低於本人職級標準的交通工具，交通費據實報銷，不計節餘提成。

## 第 3 章　住宿費的管理

第 10 條　住宿費的標準

住宿費指包括房費、服務費及相關附加費等費用。住宿費限額標準如下表所示。

**表 11-8-2 住宿費限額標準表**

| 職級 | 宿費限額標準(美元/人·天) | 備註 |
|---|---|---|
| 副總經理級別以上人員 | 200 u.s | |
| 副總經理級人員 | 150 u.s | |
| 經理級人員 | 120 u.s | |
| 主管級人員 | 100 u.s | |
| 其他人員 | 100 u.s | |

第 11 條 住宿相關要求

1.專職外勤人員長期出差固定地區的，有廠設辦事處能提供住宿的，必須在辦事處住宿；無廠辦事處提供住宿的，應由部門個別申報、分管廠領導審批其住宿標準。

2.出差人員逢單數時，其中一人可以雙倍限額標準爲限；男女同時分別逢單數時，其中兩人可以雙倍限額標準爲限。

第 12 條 其他特殊情況

1.如遇特殊情況，在工廠總經理批准下，可適當放寬標準，但放寬額度不得超過 50 美元。

2.如參加異地會議，住宿標準根據會議組織者的要求而定；如組織者已安排住宿，則不再報銷相關費用。

第 13 條 住宿費的報銷說明

1.住宿費按出差人員住宿日數、限額標準憑據報銷，節約不補，超支部份由個人負擔 20%。

2.出差人員住宿費發票中包含的電話費及其他零星服務費，視同住宿費累計計算，不額外報銷。

3.出差人員繞路或中途觀光、辦私事期間的住宿費不予報銷。

4.由接待方免費提供住宿或住在親友家，不得報銷住宿費。

## 第 4 章　膳食費的管理

第 14 條　膳食費補貼標準

出差人員出差期間膳食費實行包乾辦法，標準為 50 美元/人・天，可按出差人員出差自然(日曆)天數計算。

第 15 條　膳食費報銷說明

1.膳食費不憑票據報銷，按照補貼標準和出差天數補貼。

2.如接待單位已經安排就餐的，則工廠不計發膳食補貼。

3.出差人員外出參加會議(訂貨費、展覽會等)，若會議費用中包括膳食費，報銷時不再發膳食補貼。

## 第 5 章　其他雜費管理

第 16 條　雜費具體內容

雜費是指洗衣費、工作需要所使用的郵電費、辦公用品費等。

第 17 條　雜費補貼標準

1.員工在酒店住宿超過三晚可以報銷洗衣費，標準為 30 美元/天。

2.員工出差超過 3 個工作日，每 3 個工作日可以報銷一次與家屬通話的長途電話費，標準為 5 元/次。

3.員工根據需要可購買辦公用品，費用支出總額不得超過 30 元。

第 18 條　雜費報銷說明

出差期間，所發生的雜費在標準以內，憑有效的原始憑證經部門簽字後到財務部據實報銷。

# 第九節　廠房維修費管理細則

## 第1章　總則

第1條　目的

爲消除安全隱患，保證生產安全，改善辦公環境，合理利用維修資金，特制定本細則

第2條　適用範圍

本細則適用於廠房維修費用預算、使用控制和檢查監督工作。

第3條　人員職責

1.使用部門應注重對廠房的日常維護和定期檢查，根據使用情況提交維修申請。

2.行政部負責對維修申請進行覆核審批和預算，並跟進維修資金和人員的落實。

3.財務部負責廠房維修資金的審核和結算工作，並對維修資金的使用進行監督和檢查。

第4條　廠房範圍

廠房指工廠建築和設施，包括一般生產區、控制區廠房、公共工程(冷氣機、水、電、氣系統)以及倉儲設施、品質控制部門設施以及廠區辦公樓、廠區道路等。

## 第2章　廠房使用與保養

第5條　廠房環境

1.工廠辦公樓房、道路等公共區域應保持環境優美、空氣流

通、消防設施齊全。

2.使用部門應根據生產區、控制區、倉儲區的房屋內部結構特性，將溫度控制在 18%～22%，相對濕度控制在(40～70)RH，嚴禁放置產生嚴重腐蝕性氣體的物品。

第 6 條　通風設施

工廠生產區必須安裝通風設施，氣口應裝有易清洗、耐腐蝕的網罩，防止有害動物侵入；排進氣口須遠離污染源，並設有空氣過濾設備。使用部門應定期清理通風管道，確保運轉正常。

第 7 條　電源照明

廠房內應有充足的自然採光或人工照明，電路設計和鋪設應符合用電安全要求，使用部門應加強電路安全檢查，並確保人員離開時及時斷電。

第 8 條　供水設施

供水設施材質應符合用水要求，不同用途的管道系統應分類鋪設，不得有逆流或相互交接的現象，使用部門應加強管道檢查，以防有破裂滲漏等現象出現。

第 9 條　排汙清理

排水系統應有坡度、保持通暢、便於清洗，使用部門應做好日常管道疏通工作，並每半年對排水、排汙地下管道進行一次排汙保養。

第 10 條　日常保養

使用部門和行政部應定期對廠房進行檢查，並組織相關人員進行廠房內部結構潤滑以及屋體清潔。

## 第 3 章　廠房維修申請與審批

第 11 條　維修內容

廠房維修主要包括以下幾個方面的內容。

1.廠房內部結構維修。

2.屋面翻新、屋面堵漏、屋面防水。

3.辦公區地面修補、工廠地坪翻新。

4.採光板更換、通風器更換、水電維修、消防維修等。

第 12 條　維修申請

使用部門應按工廠規定定期檢查辦公樓的使用情況，包括對廠房內部電路、照明、通風口和外觀檢查，如發現老化、損壞等安全隱患，及時填制「廠房維修申請表」報部門經理審批。

**表 11-9-1　廠房維修申請表**

編號：

| 申請部門 | | 維修地點 | | 聯繫人<br>及電話 | |
|---|---|---|---|---|---|
| 申請維修項目 | （註：請寫清維修項目數量、種類、損壞情況）<br><br>蓋章、簽名<br>____年____月____日 | | | | |
| 備註 | （完工時間要求、外觀要求、用料要求等） | | | | |
| 相關部門意見 | 部門經理 | | 行政部 | | |

第 13 條　申請覆核

「廠房維修申請表」經部門經理審批通過後，上交工廠行政部，行政部在接到申請三日內組織基建人員、維修人員進行現場勘察，並填制「廠房維修現場勘察情況表」。

第 14 條　申請審批

經現場覆核後，由行政部經理、行政副總根據「廠房維修現場勘察情況表」的記錄情況對廠房維修申請提出審批意見。

## 第 4 章　廠房維修項目實施

第 15 條　維修計劃制訂

行政部根據審批結果制訂維修計劃，編制維修經費預算、維修進度表，明確資金使用範圍、維修品質標準。

第 16 條　人員資金落實

行政部負責組建廠房維修項目小組，小組成員由行政部人員、申請部門人員、基建人員以及維修人員組成，並落實施工隊伍和維修資金來源。

第 17 條　施工過程監督

廠房維修項目小組負責監督施工品質和進度，確保工程用料符合項目要求、施工進度在計劃範圍內。

第 18 條　維修驗收記錄

在維修工作結束後，由行政部組織人員對維修結果進行驗收，並登記「廠房維修驗收表」，如下表所示。

**表 11-9-2　廠房維修驗收表**

| 廠房名稱 | | | | |
|---|---|---|---|---|
| 維修內容 | 項目 | 損害情況 | 檢查時間 | 維修方法 |
| | 天花板 | | | |
| | 牆面 | | | |
| | 地面 | | | |
| | 主體結構 | | | |
| | 設施 | | | |
| | 其他 | | | |
| 檢修情況 | | 檢修人（簽名）　____年___月____日 | | |
| 驗收人 | | 驗收人（簽名）　____年____月____日 | | |

第 19 條　維修費用結算

驗收通過後，由行政部根據工廠結算規定，憑有效票據到財務部辦理費用結算手續。

# 第十節　員工制服費控制規定

## 第1章　總則

第1條　目的

爲提高工廠形象，保證員工在工作中的安全與身體健康，工廠決定全體人員統一著工裝上崗。爲合理控制工廠制服費用，明確員工使用以及賠付責任，特制定本規定。

第2條　人員職責

1.行政部

行政部負責制服的招商承制和發放回收工作。

2.財務部

財務部負責制服費用的收繳和賬務處理工作。

3.全體人員

工廠全體應按要求著裝，保持制服完好清潔。

## 第2章　員工制服製作

第3條　工廠制服製作由行政部負責招商，行政部應嚴格對供應商的報價和品質水準進行多方比較，以質優價廉作爲選擇標準。

第4條　確定供應商後，由行政部對全體員工的身高、胸圍、腰圍以及頭部進行測量並登記造冊。

第5條　本工廠正式員工在職期間均有權利享受制服待遇，每位員工每年製作夏冬服各兩套。

第 6 條　制服規格和分類

工廠制服分為大、中、小和特大號四種規格，分別以 S、M、L 和 XL 表示。按崗位不同，制服分類如下表所示。

**表 11-10-1　制服分類一覽表**

| 季節<br>人員 | 夏裝 | 冬裝 |
|---|---|---|
| 管理人員 | 襯衣西褲(裙)(2套) | 西服西褲(裙)(2套) |
| 行政人員 | 襯衣西褲(裙)(2套) | 西服西褲(裙)(2套) |
| 銷售人員 | 襯衣西褲(裙)(2套) | 西服西褲(裙)(2套) |
| 生產人員 | 藍領工裝(2套) | 藍領工裝(2套) |
| 維修人員 | 藍領工裝(2套) | 藍領工裝(2套) |
| 綠化、保潔人員 | 藍領工裝(2套) | 藍領工裝(2套) |

第 7 條　行政部應準確把握制服的定做數量，一般按照員工實有人數加制 10%～15%，以備新進人員使用。

第 8 條　特殊情況下，需要購置新制服時，需求部門可按照對工服的要求向行政部提出制服購置的書面申請，經行政副總、工廠總經理審批通過後方可辦理購置手續。

## 第 3 章　員工制服發放

第 9 條　行政部根據員工的體位記錄配發制服，並做好「制服發放登記表」的登記工作，「制服發放登記表」的樣式如下表所示。

**表 11-10-2　制服發放登記表**

| 領用人 | 部門 | 制服規格與編號 | 價格 | 數量 | 領用時間 | 發放人 |
|---|---|---|---|---|---|---|
| | | | | | | |
| | | | | | | |
| | | | | | | |
| | | | | | | |

第 10 條　發放制服時，由各部門依據人數編制名冊蓋章領用。

第 11 條　新制服發放後如有明顯不合體者，自發放之日起一週內由部門統計並提出修改，一週後自行解決。

## 第 4 章　員工制服管理

第 12 條　制服在使用期限內如有損壞或遺失，由使用者按月折價從工資中扣回制服款，並由行政部統一補做制服。

第 13 條　員工離職時需收取制服費用，按工作年限及制服的實際費用計算。

1.自制服發放之日起，工作滿一年以上者離職時，不收取制服費用。

2.自制服發放之日起，工作滿一年以上兩年以下者離職時，收取______%的制服費用。

3.制服自發放之日起，工作不滿一年者離職時，收取____%的制服費用。

第 14 條　員工上班必須按工廠規定統一著裝，未按規定著裝者，一經發現，處罰_____元/人‧次。

第 15 條　員工不得擅自改變制服的樣式，不得轉借制服。

第 16 條　制服應保持整潔，如有汙損，應及時自費清洗。

## 第十一節　生產工廠的食宿費管理辦法

### （一）背景

員工食堂、員工宿舍是工廠爲員工提供的福利，同時也是工廠管理費用的主要支出項目，因此，加強食宿費用管理對降低工廠日常管理成本有著重大意義。本方案適用於對員工食堂、員工宿舍的費用控制工作。

### （二）食堂成本的構成

**1.直接成本**

直接成本指食堂內部食物成品的原材料費用，包括食物成本和製作廚具分攤損耗成本，是工廠食堂費用中最主要的支出。

**2.間接成本**

間接成本指食堂管理過程所引發的其他費用，如人事費用和一些固定的開銷。

⑴人事費用包括員工的薪資、獎金、食宿、培訓和福利等。

⑵固定開銷包括租金、水電費、設備折舊、利息、稅金、保險和其他雜費。

### （三）食堂直接成本控制

**1.直接成本控制方法**

針對食堂直接成本的構成，工廠可從以下角度降低成本。

⑴菜單的設計

每道菜製作所需的人力、時間、原料、數量及其供應情況會反映在標準單價上，所以設計菜單時要注意上述因素，慎選菜品的種類和數量，合理定價，以保證收支平衡。

⑵原料的採購

採購價格和數量是構成採購成本的重要因素，採購人員應與供應商建立良好的關係並掌握市場價格，進行比價採購。採購數量要根據採購種類的不同區別對待，避免因食物損耗、庫存佔用導致採購成本上升。

⑶餐飲的製作

鼓勵使用標準食譜和標準分量，推廣通過切割試驗來嚴密地控制食物利用的方法，避免因製作人員疏忽，或溫度、時間控制不當，或錯誤計算分量，或處理方式失當等造成食物的浪費，而增加成本。

⑷服務的方法

預先規劃服務流程，採用標準餐具，培養用餐人員的自助用餐習慣，快速處理點餐和剩餘食物，降低服務成本。

**2.直接成本控制流程**

⑴建立成本標準

通過建立成本標準決定各項支出的比例。食物成本比例取決於採購時的價格、每道菜的分量及售價。

⑵記錄實際操作成本

成本標準的建立必須以數據和經驗爲依據，所以，真實地記錄操作過程的花費，並對照預估的支出標準，可立即發現管理的缺失，及時改善控制系統。

⑶對照與評估

實際成本與標準成本會有偏差，在設定差距的標準時，應先評估造成損耗的因素和數量，以達到合理控制成本的目的。

## （四）食堂間接成本控制

### 1.薪資成本的控制

人事成本包括薪資、加班費、員工食宿費及其他福利。有效分配工作時間與工作量，並施以適當、適時的培訓，是控制人事成本的最佳方式。

⑴控制薪資成本的方法。

①決定標準生產率

可通過用餐人員、食品消耗的數量和波段特徵確定服務人員的平均生產率，作爲排班的根據。

②合理分配人員

根據標準生產率分配人員，分配時需注意每位員工的工作量及工作時數，以免影響工作品質。

③計算出標準工資

大概預估出標準的薪資費用，然後與實際狀況比較分析，作爲監控整個作業及控制成本的參考。

⑵降低薪資成本的方法。

經評估發現薪資成本過高，不符合營運效益時，除了要重新探討服務標準定位外，也可採取下列方法。

①用機器代替人力，例如以自動洗碗機代替人工洗碗。

②重新安排設施佈局和服務流程，提高服務效率。

③改進食堂人員分配的結構，使其更符合實際需要。

④加強團隊合作精神和技能培訓，提高服務品質。

**2.同定開銷的控制**

⑴加強食堂人員的培訓，使其正確使用食堂的各類機器設備，做好設備保養工作。

⑵注重培養食堂人員節約能源的習慣，按需使用，減少對水、電、紙等物品的浪費。

### （五）員工宿舍成本控制

**1.住宿申請控制**

⑴明確住宿申請條件爲有效控制住宿人數，工廠可從員工戶籍所在地、交通情況、工作性質、家庭狀況等方面對申請條件做出明確規定。

⑵制定住宿申請流程

①新員工

新員工應在辦理入職手續時提出住宿申請，經行政部審核後安排房間、床位，新員工領取鑰匙、填寫「住宿登記表」後方可入住。

②在職員工

在職人員應提前五天填寫「住宿申請單」，經部門負責人和行政部審批通過後方可辦理入住手續。

**2.宿舍費用補助標準**

爲降低宿舍成本，工廠應對人均宿舍費用補助情況、超額部份承擔方法進行明確規定。

⑴員工宿舍爲每位員工配備衣櫃一個，每月水費補助 5 噸/人，電費冬季(11 月～次年 3 月)10 度/人，夏季(4 月至 10 月)20 度/人，超出部份由該宿舍員工平均分攤。

⑵新人職員工及離職員工未滿 15 天者，其住宿費、水電氣費扣繳按半個月計算；已滿 15 天未滿一個月的，按一個月計算。

⑶宿舍維修費用。屬人爲損壞的，維修費用由當事人承擔，無法追究當事人責任，則由房間住宿人員分擔；屬自然損耗的維修費用由工廠承擔。

⑷工廠爲員工代租的集體宿舍，其物業管理費、租賃費、衛生費、電視費等由工廠承擔。

3. **宿舍日常管理要求**

工廠應從費用控制的角度進行宿舍日常管理工作。

⑴水、電不得浪費，隨手關燈及水龍頭。

⑵煤氣使用後務必關閉，輪值人員於睡前應巡視一遍。

⑶沐浴的水、電、煤氣用畢即關閉，浴畢應清理浴池。

⑷沐浴以 20 分鐘爲限。

4. **退宿規定**

工廠提供員工宿舍以現住人尚在本工廠服務爲前提，員工離職(包括自動辭職，免職、解職、退休、資遣等)時，其對房屋的使用權自然終止，屆時該員工應於離職日起三天內遷離宿舍，不得藉故拖延或要求任何補償費或搬家費用。

# 第十二節　工廠成本費用的預算編制辦法

## 第 1 章　總則

第 1 條　目的

爲加強工廠對成本費用的控制管理，掌握成本狀況，構建成本費用預算體系，提高工廠的經濟效益，根據相關法律法規和本工廠的相關規章制度，特制定本制度。

第 2 條　成本費用預算範圍

預算年度內一切成本費用支出，包括預算期內產品生產（含根據預算安排和管理上的需要，在預算年度內期初、期末在產品、自製半成品數量的增加或減少）和非生產活動所消耗或支出的成本費用，都應納入年度成本費用預算的範圍。

第 3 條　責權單位

1.各部門負責本部門的成本費用預測、決策與預算管理工作，並及時上報財務部。

2.財務部負責工廠成本費用預測、決策與預算的制定、分解及監督管理工作。

## 第 2 章　成本費用預算編制的規劃

第 4 條　成本費用預算管理基本要求

成本費用管理必須遵循「事前預算、事中控制、事後分析、期末考核」四個原則。工廠各部門應建立完善的成本費用預算、控制、分析、考核體系。

第 5 條　成本費用預算編制依據

成本費用預算是一項綜合性預算，編制應以目標成本費用爲依據，並與預算年度內其他各有關專業緊密銜接，與成本費用計算、控制、考核和分析的口徑相一致。

1.本工廠的經營目標、生產經營預算、成本降低率，以及產品品質、品種。

2.年度生產預算是編制產品成本預算的基本依據。

3.人工預算和技術組織措施預算等資料是編制成本費用預算的重要依據。

4.先進、合理的消耗定額是編制成本費用預算的重要基礎。

第 6 條　確定成本費用預算的方法

在編制成本費用預算時，一般應參照標準成本，按照「量價分離」的原則，採用滾動預算、零基預算等方法進行編制。

1.在各項消耗定額費用預算和有關資料齊全的情況下，可按成本費用計算的方法，採用直接計算法編制。

2.在各項消耗定額、費用預算和有關資料不很齊全的情況下，可以增產節約措施預算作爲調整計算的依據，採用因素測算法編制。

3.實行一級成本核算的，由成本費用預算主管部門按一級核算的要求直接編制工廠的成本費用預算。

4.實行分級成本費用核算，分工廠計算成本的，可分兩級編制成本費用預算，工廠、部門分別編制成本費用預算後，由財務部門匯總編制工廠的成本費用預算。

## 第 3 章　成本費用預算編制程序與要求

第 7 條　明確成本費用預算的目標

1.財務部根據上一年度經營情況及本年度市場環境發展趨勢，確定本年度的經營戰略和經營目標，將財務預算目標及成本費用預算編制的政策下達到各部門。

2.降低成本費用是編制成本費用預算的基本要求，降低成本費用的措施是編制成本費用預算的保證。

第 8 條　確定成本費用預算內容

成本費用預算的內容包括產品成本計劃、製造費用預算、銷售費用預算、管理費用預算等。

第 9 條　各部門編制自身的成本費用預算方案並上報

1.各部門按照財務部下達的財務預算目標和政策，結合自身特點以及預測的執行條件，編制本部門詳細的成本費用預算方案，並按規定時間上報財務部。

2.在各部門編制自身的成本費用預算方案的過程中，財務部有義務予以指導。

第 10 條　財務部試算平衡

財務部對各部門上報的成本費用預算方案進行審查、匯總和試算平衡。在審查過程中，應當進行充分協調，對發現的問題提出調整意見，並回饋給各部門予以修改。

第 11 條　總經理辦公會審議批准

1.財務部在各部門修正調整的基礎上重新匯總，編制工廠的成本費用預算方案，上報總經理辦公會審核。根據審核意見，財務部進一步修訂、調整。

2.財務部根據審批的意見調整成本費用預算，正式編制成本費用預算草案，提交總經理審議批准。

第 12 條　下達執行

財務部將經過批准的成本費用預算下達到各部門執行。

## 第十三節　工廠成本費用的預算執行辦法

### 第 1 章　總則

第 1 條　爲保證成本費用預算的有效執行，特制定本制度。

第 2 條　本制度適用工廠各部門成本費用預算的執行控制。

第 3 條　成本費用預算執行的控制職責。

1.工廠各部門負責本部門及機構的成本費用控制，並將預算的執行情況及時上報財務部。

2.財務部負責工廠成本費用控制及監督管理工作。

### 第 2 章　成本費用預算的執行規劃

第 4 條　建立成本費用支出審批制度，根據費用預算和支出標準的性質，按照授權批准制度所規定權限，對費用支出申請進行審批。財務部同相關部門對成本費用開支項目和標準進行覆核。

第 5 條　各相關責任部門指定專人分解成本費用目標，記錄有關差異，及時向財務部回饋有關信息。

第 6 條　規範成本費用開支項目、標準和支付標準，從嚴控制費用支出。

1.對未列入預算的成本費用項目，如確需支出，應當按照規定程序申請追加預算。

2.對已列入預算但超過開支標準的成本費用項目，應由相關部門提出申請，報上級授權部門審批。

第 7 條　成本費用預算指標一經批復下達，各預算執行部門必須認真組織實施。

第 8 條　各部門應將成本費用預算指標層層分解，橫向到邊、縱向到底，落實到部門的各單位、各環節和各崗位，形成全方位的成本費用預算執行責任體系。

第 9 條　在分解預算指標時，應考慮內部產品和勞務互供的影響，指標與措施同步，責權利相統一。

第 10 條　各部門應當結合年度預算的完成進度，按照規定格式編制月預算報表，經本部門負責人確認後，按照全面預算管理辦法的規定上報財務部和總經辦。

## 第 3 章　成本費用預算的執行控制

第 11 條　各部門應建立成本預測制度，把成本費用管理的重點放到事前預測和過程控制上。

1.事先應對生產計劃、生產技術方案進行成本預測，根據預測數據進行決策，優化生產方案，合理配置資源，使成本費用得到事前控制。

2.在事中，要定期對生產過程的生產經營情況進行成本預測，根據預測結果，及時採取控制措施，使成本得到事中控制。

第 12 條　各部門在日常控制中，應當健全憑證記錄，嚴格執行生產消耗、費用定額標準。，對預算執行中出現的異常情況，應及時查明原因，予以解決。

第 13 條　財務部與採購部、生產部等成本費用中心加強溝通，充分發揮牽頭和監控作用，及時發現成本費用預算執行過程中的問題，督促有關部門解決預算執行過程中暴露的問題，自覺進行成本費用控制。

第 14 條　採購部成本費用預算執行的要點

1.原材料及各種輔料、物資的採購，是生產經營環節的源頭，其成本在產品成本中佔有較大比重，採購部和其他對採購成本有影響的部門要負責採購成本的控制。

2.採購部應適應市場經濟的變化，貨比三家，提高採購率、大廠直供率和合約訂貨率，減少中間環節，減少企業庫存，防止重覆採購，避免物資積壓，降低採購成本，節約採購資金。

第 15 條　生產部成本費用預算執行的要點

1.生產部要加強生產裝置物耗、能耗和加工損失管理，降低生產消耗，提高產品產量。

2.要推進科技進步，開發高附加值產品，改進技術和操作，對技術投入的產出負責，提高產出率。

第 16 條　設備部成本費用預算執行的要點

1.設備機動部要加強維修費用和設備更新費用的預算控制，通過對設備的精心操作、設備的日常維護保養和提高大修品質，確保裝置的長週期運轉。

2.維修工程和更新項目必須納入正常的工程項、決算管理，對規定標準以上的維修工程和更新項目的預、決算，應由工程審計機構進行必要的審核，防止效益流失。

第 17 條　安全環保部成本費用預算執行的要點

1.安全環保部要抓好生產裝置的安全生產，減少因安全事故和非計劃停工造成的損失。

2.消除、減少環保責任事故，本著「高效、節約」的原則，控制安全環保費用。

第 18 條　製造費用和期間費用各項目要按照「誰發生，誰控制，誰負責」的原則，責任到人，從嚴從緊，精打細算。

## 第十四節　工廠成本費用的預算調整辦法

### 第 1 章　總則

第 1 條　目的

爲嚴格、規範預算調整環節的控制，預算調整依據充分、方案合理、程序合規，根據國家相關法律法規和工廠的相關規章制度，特制定本制度。

第 2 條　適用範圍

本制度適用於工廠所有成本費用預算調整的相關事項。

第 3 條　職責分工

財務部負責成本費用預算調整工作，經總經理審批後，各相關部門方可執行調整後的預算。

第 4 條　預算調整的原則

1.所有正式下達的預算，不得隨意調整。

2.預算調整必須符合工廠的發展戰略和年度生產經營目標。

3.預算調整必須客觀、可行，即在經濟上能夠實現最優化。

4.預算調整重點應放在預算執行過程中出現的重要的、非正常的、不符合常規的關鍵性差異方面。

### 第 2 章　預算調整規劃

第 5 條　預算調整的前提

成本費用預算調整分爲預算目標調整和預算內容調整。工廠出現下列情況之一者，可調整生產成本費用預算目標。

1.預算執行過程中，國家相關政策發生重大變化，導致無法執行現行預算時。

2.國內外市場環境發生重大變化，工廠必須調整產品結構、行銷策略時。

3.出現不可抗的重大自然災害、公共緊急事件等致使預算的編制基礎不成立，或者將導致預算執行結果產生重大差異時。

4.當工廠的生產經營做出重大調整，致使現行預算與實際差距巨大時。

第 6 條　預算調整的時間

1.工廠規定每年 6 月 1 日對成本費用預算目標進行一次調整。

2.每季分析成本費用預算執行情況，並可通過相關審批程序，對不合理的預算內容進行調整。

## 第 3 章　預算調整控制

第 7 條　預算調整的提出

調整預算由預算執行部門向財務部提出書面報告，闡述預算執行的具體情況、客觀因素變化情況及其對預算執行造成的影響程度，並提出預算的調整幅度。

第 8 條　預算調整的審核

財務部經理審核預算調整申請報告，根據對以下相關內容的分析，提出預算調整幅度。

1.預算中未規定的事項。

2.超過預算限額的事項。

3.執行預算差異較大的事項。

4.客觀因素變化情況及其對預算執行造成的影響程度等情

況。

第 9 條　提出預算調整總方案

1.財務部審查分析經過相關部門經理簽字後的預算調申請表，匯總預算調整申請，提出預算涮整總方案，報總經理審批。

2.對於不符合要求或不切實際的預算調整申請，財務部應予以否決。

第 10 條　預算調整方案的審議

總經理組織財務部經理、生產部經理等成本費用中心負責人對預算調整方案進行審議。

第 11 條　新預算的下達與執行

1.財務部根據審議結果修改預算調整方案，報總經理審批後下達新的預算。

2.各相關部門嚴格執行新的預算指標。

## 第十五節　成本費用的預算考核辦法

### 第 1 章　總則

第 1 條　目的

爲加強對成本費用預算分析與考核環節的控制，通過對預算的執行情況建立分析制度、審計制度、考核與獎懲制度等，確保預算分析科學、及時，預算考核嚴格、有據，特制定本制度。

第 2 條　適用範圍

本制度適用於本工廠成本費用預算的分析、考核與激勵管理工作。

第3條　分析與考核職責分工

1.財務部負責工廠成本費用預算的分析、考核評估、激勵工作。

2.人力資源部負責預算考核的實施、激勵工作結果的落實。

3.各相關部門負責配合本部門的預算分析、考核與激勵工作的實施。

## 第2章　建立預算分析考核體系

第4條　定期召開預算執行分析會議

1.財務部應當定期召開預算執行分析會議，通報預算執行情況，研究、解決預算執行中存在的問題，提出改進措施。

2.財務部和各預算執行部門應當充分收集有關財務、業務、市場、技術、政策、法律等方面的信息資料，根據不同情況分別採用比率分析、比較分析、因素分析等方法，從定量與定性兩個層面充分反映預算執行部門的現狀、發展趨勢及其存在的潛力。

3.對於預算執行差異，應當客觀分析產生的原因，提出解決措施或建議，提交工廠領導決定。

第5條　建立預算執行情況內部審計制度

建立預算執行情況內部審計制度，通過定期或不定期地實施審計監督，及時發現和糾正預算執行中存在的問題。

第6條　建立預算執行情況考核與獎懲制度

1.財務部應當定期組織預算執行情況考核。

2.預算執行情況考核，依照預算執行單位上報預算執行報告、預算管理部門審查核實、企業決策。

4.預算執行情況考核，應當堅持公開、公平、公正的原則，考核結果應有完整的記錄。

5.建立預算執行情況獎懲制度，明確獎懲辦法，落實獎懲措施。

## 第 3 章　成本費用預算分析

第 7 條　成本費用預算分析的目的

1.檢查成本費用預算的完成情況。

2.分析產生差異的原因。

3.尋求降低成本費用的途徑和方法。

第 8 條　成本費用預算分析的要求

1.重點突出、抓住關鍵。

2.實事求是、分析透徹。

3.措施具體、講求實效。

第 9 條　成本費用預算分析的內容

1.根據成本費用預算的目標檢查和評估實際成本費用預算的執行情況，分析成本費用預算與執行情況存在差異的原因。

2.分析成本費用預算指標完成情況和成本費用支出的變動情況，明確成本費用控制中存在的問題，尋求降低成本費用的措施。

第 10 條　成本費用預算分析的對象及方式

1.成本費用預算分析的對象包括預算期內各項成本費用指標及預算與基期的差異。

2.對比基期採用的方式是與上月可比數據和上年同期可比數據，還可以根據需要與週內外同行業先進成本費用水準、本單位歷史最好水準作對比分析。

第 11 條　成本費用預算分析的方法

1.工廠應採用比較分析法、比率分析法、因素分析法、趨勢分析法等對成本費用預算及其執行情況進行分析。

2.根據工資、材料、燃料、電力、折舊以及其他各要素費用的變化情況，通過同主要消耗定額和開支標準進行對比，計算各因素的影響程度。

3.生產成本降低額與降低率計算公式如下。

⑴生產成本降低額(負數爲超支額)=按基期單位費用(成本)計算的生產成本(成本)－本期實際生產成本

⑵生產成本降低率=本期生產成本的降低額÷按基期單位費用(成本)計算的生產成本總額×100%

第 12 條　成本費用預算分析的實施

成本費用預算分析採取日常分析、定期分析、專項分析、動態分析等多種形式。

1.日常分析主要用於控制支出進度。

2.定期分析主要用於較全面的分析，爲下一步改進管理提供信息資料。

3.專題分析主要用於針對成本費用某項突出問題進行調查，分析研究，及時扭轉偏差。

4.動態分析主要用於分析任務等因素變化對成本的影響及變動趨勢。

第 13 條　編制成本費用預算分析報告

財務人員根據成本費用預算分析結果，編制成本費用預算分析報告，定期向工廠上交審閱，爲管理層做出決策提供依據。

## 第 4 章　成本費用預算考核

第 14 條　成本費用預算考核的原則

1.目標原則：以預算目標爲基準，按預算完成情況評價預算執行者的業績。

2.激勵原則：預算目標是對預算執行者業績評價的主要依據，考評必須與激勵制度相配合。

3.時效原則：預算考評是動態考評，每期預算執行完畢應立即進行。

4.例外原則：對一些阻礙預算執行的重大因素，如產業環境的變化、市場的變化、重大意外災難等，考評時應作爲特殊情況處理。

5.分級考評原則：預算考評要根據組織結構層次或預算目標的分解層次進行。

第 15 條　成本費用預算考核的主體

成本費用考核的主體爲財務部，工廠內部各個成本費用責任中心，包括生產部、行政部、採購部、技術部等，配合財務部完成成本費用預算的考核工作。

第 16 條　成本費用預算考核的內容

1.成本費用預算目標的達成情況。

2.實際成本費用支出的節約程度。

第 17 條　成本費用預算考核的指標

1.確定成本費用預算考核的指標。成本費用預算考核的指標是通過各項成本費用預算標準來設定的目標成本節約額和目標成本節約率。具體的細化指標如下表所示。

**表 11-16-1 成本費用考核指標**

| 考核指標 | 目標值 | 責任部門 |
|---|---|---|
| 主要產品單位成本(元) | ____元 | 研發部、生產部、採購部 |
| 百元產品產值總成本 | ____元 | 研發部、生產部、採購部 |
| 可比產品成本降低率(%) | ____% | 研發部、生產部、採購部 |
| 固定費用總額(元) | ____元 | 研發部、生產部、採購部 |
| 成本費用利潤率(%) | ____% | 研發部、生產部、採購部、銷售部 |
| 每工時加工費(元) | ____元 | 生產部 |
| 百元總產值生產成本 | ____元 | 生產部、採購部 |
| 製造費用總額 | 元 | 生產部 |
| 產品的單位成本(元) | 元 | 生產部 |

2.編制成本費用報表

成本費用報表主要包括「產品生產成本報表」、「主要產品單位成本表」、「變動製造費用明細表」、「固定製造費用明細表」、「銷售費用明細表」、「管理費用明細表」等。

3. 制定有關技術經濟指標(如下表所示)。

**表 11-16-2 技術經濟考核指標**

| 考核指標 | 指標計算公式 |
|---|---|
| 工時利用率 | 實動工時÷定額工時×100% |
| 設備利用率 | 設備實際使用時間÷計劃使用時間×100% |
| 廢品率 | 廢品工時或重量÷產量工時或重量×100% |
| 材料利用率 | 單位產品所包含的材料淨重量÷單位產品耗用材料重量×100% |

4.增產節約措施分析

增產節約措施分析主要包括以下指標。

表 11-16-3　成本費用考核指標

| 考核指標 | 指標說明 |
|---|---|
| 技術革新 | 1.工效增產工時=革新前加工需要工時－革新後加工工時<br>2.節約消耗=革新前消耗－革新後消耗 |
| 設計改進 | 節約消耗=改進設計前消耗－改進設計後消耗 |
| 修舊利廢 | 節約價值=修復利用價值－廢舊物資殘值 |
| 改制利用 | 節約價值=加工改制後可利用的價值－加工改制費－材料殘值 |
| 降低廢品 | 節約材料=當月完成產量×廢品降低率 |
| 節約消耗 | 節約消耗=當月材料物資領用數量預算定額－實際領用數量 |
| 降低費用 | 節約費用額=當月費用預算定額－實際費用開支 |

第 18 條　成本費用預算考核的實施

1.財務部每月末編制各部門成本費用實際支出報表，與各部門各項成本費用預算標準表進行對比，形成成本費用實際與預算對比表。

2.財務部進行各部門的業績考核，將考核結果上交工廠管理高層，年終實施獎懲。

第 19 條　成本費用預算考核結果的應用

1.爲激起成本費用預算執行者的積極性，工廠設立節約獎、改善提案獎、預算管理獎等獎項。各獎項的具體執行如下所示。

節約獎：

・根據部門費用實際支出與工作完成情況，按比例獎勵費用發生部門

・物資採購方面，在相同品質情況下，將比預算降低部份按一定比例獎勵購買人

改善提案獎：

・對員工提出的優秀改善性建議進行獎勵，對每項改善提案按一年內所節約費用或所創利潤的一定比例獎勵提案人

預算管理獎：

・成本費用預算的準確性會直接影響到資金的安排和利息費用的支出，對成本費用預算、銷售預算、投資預算等設立預算管理獎

2.上述獎勵的實施、兌現，全部以人力資源部根據財務部通報的成本費用預算完成情況與考核結果，結合工廠在本年度的經濟效益，於每個財年的年終兌現。

心得欄 ----------------------------------

------------------------------------------

------------------------------------------

------------------------------------------

------------------------------------------

# 圖書出版目錄

下列圖書是由憲業企管顧問(集團)公司所出版，以專業立場，為企業界提供最專業的各種經營管理類圖書。

1. 傳播書香社會，凡向本出版社購買（或郵局劃撥購買），一律 9 折優惠。
   服務電話(02)27622241 (03)9310960 傳真(02)27620377
2. 請將書款用 ATM 自動扣款轉帳到我公司下列的銀行帳戶。
   銀行名稱：合作金庫銀行 帳號：5034-717-347447
   公司名稱：憲業企管顧問有限公司
3. 郵局劃撥號碼：18410591 郵局劃撥戶名：憲業企管顧問公司
4. 圖書出版資料隨時更新，請見網站 www.bookstore99.com

## 經營顧問叢書

| 13 | 營業管理高手（上） | 一套 |
|---|---|---|
| 14 | 營業管理高手（下） | 500 元 |
| 16 | 中國企業大勝敗 | 360 元 |
| 18 | 聯想電腦風雲錄 | 360 元 |
| 19 | 中國企業大競爭 | 360 元 |
| 21 | 搶灘中國 | 360 元 |
| 25 | 王永慶的經營管理 | 360 元 |
| 26 | 松下幸之助經營技巧 | 360 元 |
| 32 | 企業併購技巧 | 360 元 |
| 33 | 新產品上市行銷案例 | 360 元 |
| 46 | 營業部門管理手冊 | 360 元 |
| 47 | 營業部門推銷技巧 | 390 元 |
| 52 | 堅持一定成功 | 360 元 |
| 56 | 對準目標 | 360 元 |
| 58 | 大客戶行銷戰略 | 360 元 |
| 60 | 寶潔品牌操作手冊 | 360 元 |
| 72 | 傳銷致富 | 360 元 |

| 73 | 領導人才培訓遊戲 | 360 元 |
|---|---|---|
| 76 | 如何打造企業贏利模式 | 360 元 |
| 77 | 財務查帳技巧 | 360 元 |
| 78 | 財務經理手冊 | 360 元 |
| 79 | 財務診斷技巧 | 360 元 |
| 80 | 內部控制實務 | 360 元 |
| 81 | 行銷管理制度化 | 360 元 |
| 82 | 財務管理制度化 | 360 元 |
| 83 | 人事管理制度化 | 360 元 |
| 84 | 總務管理制度化 | 360 元 |
| 85 | 生產管理制度化 | 360 元 |
| 86 | 企劃管理制度化 | 360 元 |
| 91 | 汽車販賣技巧大公開 | 360 元 |
| 94 | 人事經理操作手冊 | 360 元 |
| 97 | 企業收款管理 | 360 元 |
| 100 | 幹部決定執行力 | 360 元 |
| 106 | 提升領導力培訓遊戲 | 360 元 |

| 112 | 員工招聘技巧 | 360 元 |
|---|---|---|
| 113 | 員工績效考核技巧 | 360 元 |
| 114 | 職位分析與工作設計 | 360 元 |
| 116 | 新產品開發與銷售 | 400 元 |
| 122 | 熱愛工作 | 360 元 |
| 124 | 客戶無法拒絕的成交技巧 | 360 元 |
| 125 | 部門經營計劃工作 | 360 元 |
| 127 | 如何建立企業識別系統 | 360 元 |
| 129 | 邁克爾・波特的戰略智慧 | 360 元 |
| 130 | 如何制定企業經營戰略 | 360 元 |
| 131 | 會員制行銷技巧 | 360 元 |
| 132 | 有效解決問題的溝通技巧 | 360 元 |
| 135 | 成敗關鍵的談判技巧 | 360 元 |
| 137 | 生產部門、行銷部門績效考核手冊 | 360 元 |
| 138 | 管理部門績效考核手冊 | 360 元 |
| 139 | 行銷機能診斷 | 360 元 |
| 140 | 企業如何節流 | 360 元 |
| 141 | 責任 | 360 元 |
| 142 | 企業接棒人 | 360 元 |
| 144 | 企業的外包操作管理 | 360 元 |
| 145 | 主管的時間管理 | 360 元 |
| 146 | 主管階層績效考核手冊 | 360 元 |
| 147 | 六步打造績效考核體系 | 360 元 |
| 148 | 六步打造培訓體系 | 360 元 |
| 149 | 展覽會行銷技巧 | 360 元 |
| 150 | 企業流程管理技巧 | 360 元 |
| 152 | 向西點軍校學管理 | 360 元 |
| 154 | 領導你的成功團隊 | 360 元 |
| 155 | 頂尖傳銷術 | 360 元 |
| 156 | 傳銷話術的奧妙 | 360 元 |

| 159 | 各部門年度計劃工作 | 360 元 |
|---|---|---|
| 160 | 各部門編制預算工作 | 360 元 |
| 163 | 只爲成功找方法，不爲失敗找藉口 | 360 元 |
| 167 | 網路商店管理手冊 | 360 元 |
| 168 | 生氣不如爭氣 | 360 元 |
| 170 | 模仿就能成功 | 350 元 |
| 171 | 行銷部流程規範化管理 | 360 元 |
| 172 | 生產部流程規範化管理 | 360 元 |
| 173 | 財務部流程規範化管理 | 360 元 |
| 174 | 行政部流程規範化管理 | 360 元 |
| 176 | 每天進步一點點 | 350 元 |
| 177 | 易經如何運用在經營管理 | 350 元 |
| 178 | 如何提高市場佔有率 | 360 元 |
| 180 | 業務員疑難雜症與對策 | 360 元 |
| 181 | 速度是贏利關鍵 | 360 元 |
| 183 | 如何識別人才 | 360 元 |
| 184 | 找方法解決問題 | 360 元 |
| 185 | 不景氣時期，如何降低成本 | 360 元 |
| 186 | 營業管理疑難雜症與對策 | 360 元 |
| 187 | 廠商掌握零售賣場的竅門 | 360 元 |
| 188 | 推銷之神傳世技巧 | 360 元 |
| 189 | 企業經營案例解析 | 360 元 |
| 191 | 豐田汽車管理模式 | 360 元 |
| 192 | 企業執行力（技巧篇） | 360 元 |
| 193 | 領導魅力 | 360 元 |
| 197 | 部門主管手冊（增訂四版） | 360 元 |
| 198 | 銷售說服技巧 | 360 元 |
| 199 | 促銷工具疑難雜症與對策 | 360 元 |
| 200 | 如何推動目標管理（第三版） | 390 元 |
| 201 | 網路行銷技巧 | 360 元 |

| 202 | 企業併購案例精華 | 360 元 |
|---|---|---|
| 204 | 客戶服務部工作流程 | 360 元 |
| 205 | 總經理如何經營公司(增訂二版) | 360 元 |
| 206 | 如何鞏固客戶（增訂二版） | 360 元 |
| 207 | 確保新產品開發成功(增訂三版) | 360 元 |
| 208 | 經濟大崩潰 | 360 元 |
| 209 | 鋪貨管理技巧 | 360 元 |
| 210 | 商業計劃書撰寫實務 | 360 元 |
| 212 | 客戶抱怨處理手冊(增訂二版) | 360 元 |
| 214 | 售後服務處理手冊（增訂三版） | 360 元 |
| 215 | 行銷計劃書的撰寫與執行 | 360 元 |
| 216 | 內部控制實務與案例 | 360 元 |
| 217 | 透視財務分析內幕 | 360 元 |
| 219 | 總經理如何管理公司 | 360 元 |
| 222 | 確保新產品銷售成功 | 360 元 |
| 223 | 品牌成功關鍵步驟 | 360 元 |
| 224 | 客戶服務部門績效量化指標 | 360 元 |
| 226 | 商業網站成功密碼 | 360 元 |
| 227 | 人力資源部流程規範化管理（增訂二版） | 360 元 |
| 228 | 經營分析 | 360 元 |
| 229 | 產品經理手冊 | 360 元 |
| 230 | 診斷改善你的企業 | 360 元 |
| 231 | 經銷商管理手冊(增訂三版) | 360 元 |
| 232 | 電子郵件成功技巧 | 360 元 |
| 233 | 喬・吉拉德銷售成功術 | 360 元 |
| 234 | 銷售通路管理實務〈增訂二版〉 | 360 元 |
| 235 | 求職面試一定成功 | 360 元 |
| 236 | 客戶管理操作實務〈增訂二版〉 | 360 元 |

| 237 | 總經理如何領導成功團隊 | 360 元 |
|---|---|---|
| 238 | 總經理如何熟悉財務控制 | 360 元 |
| 239 | 總經理如何靈活調動資金 | 360 元 |
| 240 | 有趣的生活經濟學 | 360 元 |
| 241 | 業務員經營轄區市場（增訂二版） | 360 元 |
| 242 | 搜索引擎行銷 | 360 元 |
| 243 | 如何推動利潤中心制度（增訂二版） | 360 元 |
| 244 | 經營智慧 | 360 元 |
| 245 | 企業危機應對實戰技巧 | 360 元 |
| 246 | 行銷總監工作指引 | 360 元 |
| 247 | 行銷總監實戰案例 | 360 元 |
| 248 | 企業戰略執行手冊 | 360 元 |
| 249 | 大客戶搖錢樹 | 360 元 |
| 250 | 企業經營計畫〈增訂二版〉 | 360 元 |
| 251 | 績效考核手冊 | 360 元 |
| 252 | 營業管理實務（增訂二版） | 360 元 |
| 253 | 銷售部門績效考核量化指標 | 360 元 |
| 254 | 員工招聘操作手冊 | 360 元 |
| 255 | 總務部門重點工作（增訂二版） | 360 元 |
| 256 | 有效溝通技巧 | 360 元 |
| 257 | 會議手冊 | 360 元 |
| 258 | 如何處理員工離職問題 | 360 元 |
| 259 | 提高工作效率 | 360 元 |
| 260 | 贏在細節管理 | 360 元 |
| 261 | 員工招聘性向測試方法 | 360 元 |
| 262 | 解決問題 | 360 元 |
| 263 | 微利時代制勝法寶 | 360 元 |
|  |  |  |

| | | |
|---|---|---|
| 264 | 如何拿到 VC（風險投資）的錢 | 360 元 |
| 265 | 如何撰寫職位說明書 | 360 元 |
| 267 | 促銷管理實務〈增訂五版〉 | 360 元 |
| 268 | 顧客情報管理技巧 | 360 元 |
| 269 | 如何改善企業組織績效〈增訂二版〉 | 360 元 |
| 270 | 低調才是大智慧 | 360 元 |
| 271 | 電話推銷培訓教材〈增訂二版〉 | 360 元 |
| 272 | 主管必備的授權技巧 | 360 元 |

## 《商店叢書》

| | | |
|---|---|---|
| 4 | 餐飲業操作手冊 | 390 元 |
| 5 | 店員販賣技巧 | 360 元 |
| 10 | 賣場管理 | 360 元 |
| 12 | 餐飲業標準化手冊 | 360 元 |
| 13 | 服飾店經營技巧 | 360 元 |
| 18 | 店員推銷技巧 | 360 元 |
| 19 | 小本開店術 | 360 元 |
| 20 | 365 天賣場節慶促銷 | 360 元 |
| 29 | 店員工作規範 | 360 元 |
| 30 | 特許連鎖業經營技巧 | 360 元 |
| 32 | 連鎖店操作手冊（增訂三版） | 360 元 |
| 33 | 開店創業手冊〈增訂二版〉 | 360 元 |
| 34 | 如何開創連鎖體系〈增訂二版〉 | 360 元 |
| 35 | 商店標準操作流程 | 360 元 |
| 36 | 商店導購口才專業培訓 | 360 元 |
| 37 | 速食店操作手冊〈增訂二版〉 | 360 元 |
| 38 | 網路商店創業手冊〈增訂二版〉 | 360 元 |
| 39 | 店長操作手冊（增訂四版） | 360 元 |
| 40 | 商店診斷實務 | 360 元 |
| 41 | 店鋪商品管理手冊 | 360 元 |
| 42 | 店員操作手冊（增訂三版） | 360 元 |
| 43 | 如何撰寫連鎖業營運手冊〈增訂二版〉 | 360 元 |
| 44 | 店長如何提升業績〈增訂二版〉 | 360 元 |
| 45 | 向肯德基學習連鎖經營〈增訂二版〉 | 360 元 |
| 46 | 連鎖店督導師手冊 | 360 元 |

## 《工廠叢書》

| | | |
|---|---|---|
| 5 | 品質管理標準流程 | 380 元 |
| 9 | ISO 9000 管理實戰案例 | 380 元 |
| 10 | 生產管理制度化 | 360 元 |
| 11 | ISO 認證必備手冊 | 380 元 |
| 12 | 生產設備管理 | 380 元 |
| 13 | 品管員操作手冊 | 380 元 |
| 15 | 工廠設備維護手冊 | 380 元 |
| 16 | 品管圈活動指南 | 380 元 |
| 17 | 品管圈推動實務 | 380 元 |
| 20 | 如何推動提案制度 | 380 元 |
| 24 | 六西格瑪管理手冊 | 380 元 |
| 30 | 生產績效診斷與評估 | 380 元 |
| 32 | 如何藉助 IE 提升業績 | 380 元 |
| 35 | 目視管理案例大全 | 380 元 |
| 38 | 目視管理操作技巧(增訂二版) | 380 元 |
| 40 | 商品管理流程控制(增訂二版) | 380 元 |
| 42 | 物料管理控制實務 | 380 元 |
| 46 | 降低生產成本 | 380 元 |
| 47 | 物流配送績效管理 | 380 元 |

| 49 | 6S 管理必備手冊 | 380 元 |
|---|---|---|
| 50 | 品管部經理操作規範 | 380 元 |
| 51 | 透視流程改善技巧 | 380 元 |
| 55 | 企業標準化的創建與推動 | 380 元 |
| 56 | 精細化生產管理 | 380 元 |
| 57 | 品質管制手法〈增訂二版〉 | 380 元 |
| 58 | 如何改善生產績效〈增訂二版〉 | 380 元 |
| 59 | 部門績效考核的量化管理〈增訂三版〉 | 380 元 |
| 60 | 工廠管理標準作業流程 | 380 元 |
| 61 | 採購管理實務〈增訂三版〉 | 380 元 |
| 62 | 採購管理工作細則 | 380 元 |
| 63 | 生產主管操作手冊(增訂四版) | 380 元 |
| 64 | 生產現場管理實戰案例〈增訂二版〉 | 380 元 |
| 65 | 如何推動 5S 管理（增訂四版） | 380 元 |
| 66 | 如何管理倉庫（增訂五版） | 380 元 |
| 67 | 生產訂單管理步驟〈增訂二版〉 | 380 元 |
| 68 | 打造一流的生產作業廠區 | 380 元 |
| 70 | 如何控制不良品〈增訂二版〉 | 380 元 |
| 71 | 全面消除生產浪費 | 380 元 |

## 《醫學保健叢書》

| 1 | 9 週加強免疫能力 | 320 元 |
|---|---|---|
| 3 | 如何克服失眠 | 320 元 |
| 4 | 美麗肌膚有妙方 | 320 元 |
| 5 | 減肥瘦身一定成功 | 360 元 |
| 6 | 輕鬆懷孕手冊 | 360 元 |
| 7 | 育兒保健手冊 | 360 元 |
| 8 | 輕鬆坐月子 | 360 元 |
| 11 | 排毒養生方法 | 360 元 |
| 12 | 淨化血液　強化血管 | 360 元 |
| 13 | 排除體內毒素 | 360 元 |
| 14 | 排除便秘困擾 | 360 元 |
| 15 | 維生素保健全書 | 360 元 |
| 16 | 腎臟病患者的治療與保健 | 360 元 |
| 17 | 肝病患者的治療與保健 | 360 元 |
| 18 | 糖尿病患者的治療與保健 | 360 元 |
| 19 | 高血壓患者的治療與保健 | 360 元 |
| 22 | 給老爸老媽的保健全書 | 360 元 |
| 23 | 如何降低高血壓 | 360 元 |
| 24 | 如何治療糖尿病 | 360 元 |
| 25 | 如何降低膽固醇 | 360 元 |
| 26 | 人體器官使用說明書 | 360 元 |
| 27 | 這樣喝水最健康 | 360 元 |
| 28 | 輕鬆排毒方法 | 360 元 |
| 29 | 中醫養生手冊 | 360 元 |
| 30 | 孕婦手冊 | 360 元 |
| 31 | 育兒手冊 | 360 元 |
| 32 | 幾千年的中醫養生方法 | 360 元 |
| 33 | 免疫力提升全書 | 360 元 |
| 34 | 糖尿病治療全書 | 360 元 |
| 35 | 活到 120 歲的飲食方法 | 360 元 |
| 36 | 7 天克服便秘 | 360 元 |
| 37 | 爲長壽做準備 | 360 元 |
| 38 | 生男生女有技巧〈增訂二版〉 | 360 元 |
| 39 | 拒絕三高有方法 | 360 元 |
| | | |

## 《培訓叢書》

| | | |
|---|---|---|
| 4 | 領導人才培訓遊戲 | 360 元 |
| 8 | 提升領導力培訓遊戲 | 360 元 |
| 11 | 培訓師的現場培訓技巧 | 360 元 |
| 12 | 培訓師的演講技巧 | 360 元 |
| 14 | 解決問題能力的培訓技巧 | 360 元 |
| 15 | 戶外培訓活動實施技巧 | 360 元 |
| 16 | 提升團隊精神的培訓遊戲 | 360 元 |
| 17 | 針對部門主管的培訓遊戲 | 360 元 |
| 18 | 培訓師手冊 | 360 元 |
| 19 | 企業培訓遊戲大全（增訂二版） | 360 元 |
| 20 | 銷售部門培訓遊戲 | 360 元 |
| 21 | 培訓部門經理操作手冊（增訂三版） | 360 元 |
| 22 | 企業培訓活動的破冰遊戲 | 360 元 |
| 23 | 培訓部門流程規範化管理 | 360 元 |

## 《傳銷叢書》

| | | |
|---|---|---|
| 4 | 傳銷致富 | 360 元 |
| 5 | 傳銷培訓課程 | 360 元 |
| 7 | 快速建立傳銷團隊 | 360 元 |
| 9 | 如何運作傳銷分享會 | 360 元 |
| 10 | 頂尖傳銷術 | 360 元 |
| 11 | 傳銷話術的奧妙 | 360 元 |
| 12 | 現在輪到你成功 | 350 元 |
| 13 | 鑽石傳銷商培訓手冊 | 350 元 |
| 14 | 傳銷皇帝的激勵技巧 | 360 元 |
| 15 | 傳銷皇帝的溝通技巧 | 360 元 |
| 17 | 傳銷領袖 | 360 元 |
| 18 | 傳銷成功技巧（增訂四版） | 360 元 |
| | | |

## 《幼兒培育叢書》

| | | |
|---|---|---|
| 1 | 如何培育傑出子女 | 360 元 |
| 2 | 培育財富子女 | 360 元 |
| 3 | 如何激發孩子的學習潛能 | 360 元 |
| 4 | 鼓勵孩子 | 360 元 |
| 5 | 別溺愛孩子 | 360 元 |
| 6 | 孩子考第一名 | 360 元 |
| 7 | 父母要如何與孩子溝通 | 360 元 |
| 8 | 父母要如何培養孩子的好習慣 | 360 元 |
| 9 | 父母要如何激發孩子學習潛能 | 360 元 |
| 10 | 如何讓孩子變得堅強自信 | 360 元 |

## 《成功叢書》

| | | |
|---|---|---|
| 1 | 猶太富翁經商智慧 | 360 元 |
| 2 | 致富鑽石法則 | 360 元 |
| 3 | 發現財富密碼 | 360 元 |

## 《企業傳記叢書》

| | | |
|---|---|---|
| 1 | 零售巨人沃爾瑪 | 360 元 |
| 2 | 大型企業失敗啓示錄 | 360 元 |
| 3 | 企業併購始祖洛克菲勒 | 360 元 |
| 4 | 透視戴爾經營技巧 | 360 元 |
| 5 | 亞馬遜網路書店傳奇 | 360 元 |
| 6 | 動物智慧的企業競爭啓示 | 320 元 |
| 7 | CEO 拯救企業 | 360 元 |
| 8 | 世界首富　宜家王國 | 360 元 |
| 9 | 航空巨人波音傳奇 | 360 元 |
| 10 | 傳媒併購大亨 | 360 元 |

## 《智慧叢書》

| | | |
|---|---|---|
| 1 | 禪的智慧 | 360 元 |
| 2 | 生活禪 | 360 元 |

| 3 | 易經的智慧 | 360 元 |
|---|---|---|
| 4 | 禪的管理大智慧 | 360 元 |
| 5 | 改變命運的人生智慧 | 360 元 |
| 6 | 如何吸取中庸智慧 | 360 元 |
| 7 | 如何吸取老子智慧 | 360 元 |
| 8 | 如何吸取易經智慧 | 360 元 |
| 9 | 經濟大崩潰 | 360 元 |
| 10 | 有趣的生活經濟學 | 360 元 |
| 11 | 低調才是大智慧 | 360 元 |

## 《DIY 叢書》

| 1 | 居家節約竅門 DIY | 360 元 |
|---|---|---|
| 2 | 愛護汽車 DIY | 360 元 |
| 3 | 現代居家風水 DIY | 360 元 |
| 4 | 居家收納整理 DIY | 360 元 |
| 5 | 廚房竅門 DIY | 360 元 |
| 6 | 家庭裝修 DIY | 360 元 |
| 7 | 省油大作戰 | 360 元 |

## 《財務管理叢書》

| 1 | 如何編制部門年度預算 | 360 元 |
|---|---|---|
| 2 | 財務查帳技巧 | 360 元 |
| 3 | 財務經理手冊 | 360 元 |
| 4 | 財務診斷技巧 | 360 元 |
| 5 | 內部控制實務 | 360 元 |
| 6 | 財務管理制度化 | 360 元 |
| 8 | 財務部流程規範化管理 | 360 元 |
| 9 | 如何推動利潤中心制度 | 360 元 |

分類

爲方便讀者選購，本公司將一部分上述圖書又加以專門分類如下：

## 《企業制度叢書》

| 1 | 行銷管理制度化 | 360 元 |
|---|---|---|
| 2 | 財務管理制度化 | 360 元 |
| 3 | 人事管理制度化 | 360 元 |
| 4 | 總務管理制度化 | 360 元 |
| 5 | 生產管理制度化 | 360 元 |
| 6 | 企劃管理制度化 | 360 元 |

## 《主管叢書》

| 1 | 部門主管手冊 | 360 元 |
|---|---|---|
| 2 | 總經理行動手冊 | 360 元 |
| 4 | 生產主管操作手冊 | 380 元 |
| 5 | 店長操作手冊（增訂版） | 360 元 |
| 6 | 財務經理手冊 | 360 元 |
| 7 | 人事經理操作手冊 | 360 元 |
| 8 | 行銷總監工作指引 | 360 元 |
| 9 | 行銷總監實戰案例 | 360 元 |

## 《總經理叢書》

| 1 | 總經理如何經營公司(增訂二版) | 360 元 |
|---|---|---|
| 2 | 總經理如何管理公司 | 360 元 |
| 3 | 總經理如何領導成功團隊 | 360 元 |
| 4 | 總經理如何熟悉財務控制 | 360 元 |
| 5 | 總經理如何靈活調動資金 | 360 元 |

## 《人事管理叢書》

| 1 | 人事管理制度化 | 360 元 |
|---|---|---|
| 2 | 人事經理操作手冊 | 360 元 |
| 3 | 員工招聘技巧 | 360 元 |
| 4 | 員工績效考核技巧 | 360 元 |
| 5 | 職位分析與工作設計 | 360 元 |
| 7 | 總務部門重點工作 | 360 元 |
| 8 | 如何識別人才 | 360 元 |
| 9 | 人力資源部流程規範化管理（增訂二版） | 360 元 |
| 10 | 員工招聘操作手冊 | 360 元 |

| 11 | 如何處理員工離職問題 | 360 元 |
|---|---|---|

## 《理財叢書》

| 1 | 巴菲特股票投資忠告 | 360 元 |
|---|---|---|
| 2 | 受益一生的投資理財 | 360 元 |
| 3 | 終身理財計劃 | 360 元 |
| 4 | 如何投資黃金 | 360 元 |
| 5 | 巴菲特投資必贏技巧 | 360 元 |
| 6 | 投資基金賺錢方法 | 360 元 |
| 7 | 索羅斯的基金投資必贏忠告 | 360 元 |
| 8 | 巴菲特爲何投資比亞迪 | 360 元 |

## 《網路行銷叢書》

| 1 | 網路商店創業手冊〈增訂二版〉 | 360 元 |
|---|---|---|
| 2 | 網路商店管理手冊 | 360 元 |
| 3 | 網路行銷技巧 | 360 元 |
| 4 | 商業網站成功密碼 | 360 元 |
| 5 | 電子郵件成功技巧 | 360 元 |
| 6 | 搜索引擎行銷 | 360 元 |

## 《企業計畫叢書》

| 1 | 企業經營計劃 | 360 元 |
|---|---|---|
| 2 | 各部門年度計劃工作 | 360 元 |
| 3 | 各部門編制預算工作 | 360 元 |
| 4 | 經營分析 | 360 元 |
| 5 | 企業戰略執行手冊 | 360 元 |

## 《經濟叢書》

| 1 | 經濟大崩潰 | 360 元 |
|---|---|---|
| 2 | 石油戰爭揭秘(即將出版) | |

**當市場競爭激烈時：**

# 培訓員工，強化員工競爭力 是企業最佳對策

「人才」是企業最大的財富。如何提升人才，是企業永續經營、戰勝對手的核心競爭力。積極培訓公司內部員工，是經濟不景氣時期的最佳戰略，而最快速的具體作法，就是**「建立企業內部圖書館，鼓勵員工多閱讀、多進修專業書籍」**

**建議您：請一次購足本公司所出版各種經營管理類圖書，作為貴公司內部員工培訓圖書。** 使用率高的（例如「贏在細節管理」），準備 3 本；使用率低的（例如「工廠設備維護手冊」），只買 1 本。

使用培訓，提升企業競爭力

是萬無一失、事半功倍的方法。

其效果更具有超大的「投資報酬力」！

## 最暢銷的工廠叢書

| 名稱 | 特价 | 名称 | 特價 |
|---|---|---|---|
| 1 生產作業標準流程 | 380 元 | 2 生產主管操作手冊 | |
| 3 目視管理操作技巧 | 380 元 | 4 物料管理操作實務 | 380 元 |
| 5 品質管理標準流程 | 380 元 | 6 企業管理標準化教材 | 380 元 |
| 7 如何推動 5S 管理 | 380 元 | 8 庫存管理實務 | 380 元 |
| 9 ISO 9000 管理實戰案例 | 380 元 | 10 生產管理制度化 | 380 元 |
| 11 ISO 認證必備手冊 | 380 元 | 12 生產設備管理 | 380 元 |
| 13 品管員操作手冊 | 380 元 | 14 生產現場主管實務 | 380 元 |
| 15 工廠設備維護手冊 | 380 元 | 16 品管圈活動指南 | 380 元 |
| 17 品管圈推動實務 | 380 元 | 18 工廠流程管理 | 380 元 |
| 19 生產現場改善技巧 | | 20 如何推動提案制度 | 380 元 |
| 21 採購管理實務 | 380 元 | 22 品質管制手法 | 380 元 |
| 23 | | 24 六西格瑪管理手冊 | 380 元 |
| 25 商品管理流程控制 | 380 元 | | |

上述各書均有在書店陳列販賣，若書店賣完，而來不及由庫存書補充上架，請讀者直接向店員詢問、購買，最快速、方便！

請透過郵局劃撥購買：

**郵局劃撥戶名：憲業企管顧問公司**

**郵局劃撥帳號：18410591**

工廠叢書⑪　　售價：380 元

# 全面消除生產浪費

西元二〇一一年十月　　初版一刷

編著：王中康
策劃：麥可國際出版有限公司（新加坡）
編輯：蕭玲
校對：洪飛娟

發行人：黃憲仁
發行所：憲業企管顧問有限公司
電話：(02) 2762-2241　(03) 9310960　0930872873
臺北聯絡處：臺北郵政信箱第 36 之 1100 號
郵政劃撥：**18410591 憲業企管顧問有限公司**
江祖平律師顧問：紙品書、數位書著作權與版權均歸本公司所有
登記證：行政業新聞局版台業字第 6380 號

**本公司徵求海外版權出版代理商（0930872873）**

**本圖書是由憲業企管顧問(集團)公司所出版，以專業立場，為企業界提供最專業的各種經營管理類圖書。**

Made in Taiwan

圖書編號 ISBN：978-986-6084-24-9